全国高等职业院校计算机教育规划教材

ASP.NET 程序设计案例教程
（第二版）

翁健红　罗杰红　主　编
李少峰　杨金相　郑小乐　副主编

中国铁道出版社
CHINA RAILWAY PUBLISHING HOUSE

内 容 简 介

本书详细介绍了如何使用 ASP.NET 进行 Web 应用系统的开发，开发环境为 Visual Studio 2010，数据库采用 SQL Server 2000/2005，使用 C#作为 ASP.NET 开发语言。

本书共分 13 章，围绕网上书店系统进行介绍，主要内容包括 ASP.NET 开发环境、服务器端控件、ADO.NET 数据库访问技术、数据窗体设计、内置对象、网站配置与发布、Web 服务、AJAX 技术、母版页与主题以及分层开发等。

本书内容丰富，结构清晰，叙述深入浅出，适合作为高等职业院校计算机专业的教材，也可作为从事 ASP.NET 编程和网站开发人员的参考用书。

图书在版编目（CIP）数据

ASP.NET 程序设计案例教程 / 翁健红，罗杰红主编. — 2 版. — 北京：中国铁道出版社，2014.8（2016.1重印）
全国高等职业院校计算机教育规划教材
ISBN 978-7-113-18903-7

Ⅰ. ①A… Ⅱ. ①翁… ②罗… Ⅲ. ①网页制作工具－程序设计－高等职业教育－教材 Ⅳ. ①TP393.092

中国版本图书馆 CIP 数据核字(2014)第 151762 号

书　　名：	ASP.NET 程序设计案例教程（第二版）
作　　者：	翁健红　罗杰红　主编
策　　划：	翟玉峰
责任编辑：	翟玉峰　彭立辉
封面设计：	付　巍
封面制作：	白　雪
责任校对：	汤淑梅
责任印制：	李　佳

出版发行：中国铁道出版社（100054，北京市西城区右安门西街 8 号）
网　　址：http://www.51eds.com
印　　刷：三河市华业印务有限公司
版　　次：2010 年 11 月第 1 版　2014 年 8 月第 2 版　2016 年 1 月第 2 次印刷
开　　本：787 mm×1092 mm　1/16　印张：14.75　字数：365 千
印　　数：3 001～5 000 册
书　　号：ISBN 978-7-113-18903-7
定　　价：29.00 元

版权所有　侵权必究

凡购买铁道版图书，如有印制质量问题，请与本社教材图书营销部联系调换。电话：（010）63550836
打击盗版举报电话：（010）51873659

第二版前言

FOREWORD

ASP.NET 是目前 Web 应用开发的主流技术之一，本书主要介绍使用 ASP.NET 进行 Web 应用系统的编程，开发环境为 Visual Studio 2010，数据库采用 SQL Server 2000/2005，使用 C#作为 ASP.NET 开发语言。在本书的编写过程中，编者力求体现职业教育的性质、任务和培养目标，坚持以就业为导向、以能力为本位的原则。本书围绕网上书店系统这一项目，采用案例驱动的教学方法，首先给出案例的学习目标，然后展示案例的运行结果，讲述相关的知识点，最后讲述案例的实现过程。

本书共分 13 章，以通俗、简明的语言深入浅出地讲解了用 C#进行 ASP.NET 程序开发的方法。各章的主要内容如下：

第 1 章介绍 ASP.NET 开发环境；第 2 章介绍注册页面的设计，主要包括常用服务器控件的使用方法；第 3 章介绍注册页面的验证，主要包括各验证控件的使用方法；第 4 章介绍注册页面的数据库操作，主要包括运用 ADO.NET 技术访问数据库；第 5 章介绍图书显示，主要包括 DataSet、DataTable、DataAdapter 对象的使用方法；第 6 章介绍会员管理，主要包括 Web.config 配置、网站发布及 Session 对象；第 7 章介绍图书展示，主要包括数据绑定、Repeater 控件、DataList 控件；第 8 章介绍图书维护，主要包括数据源控件、SqlDataSource 控件及 GridView 控件；第 9 章介绍图书信息修改，主要包括 FormView 控件、FileUpload 控件及 SqlDataSource 控件；第 10 章介绍外观设计，主要包括母版页、用户控件、外观和主题；第 11 章介绍 AJAX 技术，主要包括 ASP.NET AJAX、JQuery；第 12 章介绍 Web 服务及分层开发；第 13 章介绍网上书店系统，主要包括网上书店系统的总体设计和各模块的实现。

本版较第一版主要改动有：

- 开发平台由原来的 Visual Studio 2005 改为 Visual Studio 2010。
- 删除了原第 11 章网站导航的内容，增加了第 11 章 AJAX 技术。
- 第 2、3 章例子增加了操作步骤，易于边学边练。
- 示例不再采用单文件方式。
- 减少了数据绑定的内容，增加了使用 GridView 等控件编写代码的内容。

本书由翁健红（湖南铁道职业技术学院）、罗杰红（广东职业技术学院）任主编，李少峰（贵阳师范高等专科学校）、杨金相（石家庄职业技术学院）、郑小乐（广州涉外经济职业技术学院）任副主编，彭勇、刘志成、冯向科、宁云智、鲁微、刘荣胜、杨茜玲、刘帼晖参与了编写工作，全书由翁健红统稿。本书含课件、源代码、习题答案等教学资料，如需要可与编者联系，编者 E-mail：davewjh@163.com。

由于时间仓促，编者水平有限，书中疏漏与不足之处在所难免，敬请广大读者批评指正。

编 者

2014 年 5 月

第一版前言

ASP.NET 是目前 Web 应用开发的主流技术之一,本书主要介绍使用 ASP.NET 进行 Web 应用系统的编程,开发环境为 Visual Studio 2005(简称 VS 2005),数据库采用 SQL Server 2000/2005,使用 C#作为 ASP.NET 开发语言。在本书的编写过程中,编者力求体现职业教育的性质、任务和培养目标,坚持以就业为导向、以能力为本位的原则。本书围绕网上书店系统这一项目,采用案例驱动的教学方法,首先展示案例的运行结果并提示案例的学习目标,然后讲述相关的知识点,最后讲述案例的实现过程。

本书共 13 章,以通俗、简明的语言深入浅出地讲解了用 C#进行 ASP.NET 程序开发的方法。各章的主要内容如下:

第 1 章介绍 ASP.NET 开发环境;第 2 章介绍注册页面的设计,主要包括常用服务器控件的使用方法;第 3 章介绍注册页面的验证,主要包括各验证控件的使用方法;第 4 章介绍注册页面的数据库操作,主要包括运用 ADO.NET 技术访问数据库;第 5 章介绍图书显示,主要包括 DataSet、DataTable、DataAdapter 对象的使用方法;第 6 章介绍会员管理,主要包括 Web.config 配置、网站发布及 Session 对象;第 7 章介绍图书展示,主要包括数据绑定、Repeater 控件、DataList 控件;第 8 章介绍图书维护,主要包括数据源控件、SqlDataSource 控件及 GridView 控件;第 9 章介绍图书信息修改,主要包括 DetailsView 控件、FormView 控件、FileUpload 控件及 SqlDataSource 控件;第 10 章介绍外观设计,主要包括母版页、用户控件、外观和主题;第 11 章介绍页面导航,主要包括站点地图、SiteMapDataSource 控件、Menu 控件、TreeView 控件和 SiteMapPath 控件;第 12 章介绍 Web 服务及分层开发;第 13 章介绍网上书店系统,主要包括网上书店系统的总体设计和各模块的实现。

本书由翁健红任主编,彭勇、刘志成任副主编,参与编写的还有冯向科、宁云智、林东升、刘荣胜、杨茜玲、刘红梅和鲁微,全书由翁健红统稿。本书含课件、源代码、习题答案等教学资料,如需要可与编者联系,编者 E-mail 为 davewjh@163.com。

由于时间仓促和编者水平有限,书中不足与疏漏之处在所难免,敬请广大读者批评指正。

编　者
2010 年 7 月

目录

第1章 ASP.NET 开发环境 1
1.1 ASP.NET 概述 1
1.2 配置 ASP.NET 的运行环境 2
- 1.2.1 ASP.NET 的运行环境 2
- 1.2.2 安装 IIS 服务器 2
- 1.2.3 安装 .NET Framework 3
- 1.2.4 测试 ASP.NET 环境 3

1.3 Visual Studio 2010 集成开发环境 4
1.4 用 Visual Studio 2010 开发 ASP.NET 程序 5
1.5 知识拓展 11
- 1.5.1 ASP.NET 页面处理过程 11
- 1.5.2 IsPostBack 属性 11

习题 12

第2章 注册页面的设计 13
2.1 情景分析 13
2.2 服务器控件简介 14
2.3 常用控件 14
- 2.3.1 Button 控件 14
- 2.3.2 TextBox 控件 15
- 2.3.3 RadioButton 控件 16
- 2.3.4 RadioButtonList 控件 17
- 2.3.5 DropDownList 控件 19
- 2.3.6 ListBox 控件 20

2.4 利用表格布局网页 22
2.5 注册页面设计 23
2.6 知识拓展 25
- 2.6.1 Label 控件 25
- 2.6.2 Image 控件 25
- 2.6.3 HyperLink 控件 26
- 2.6.4 LinkButton 控件 26
- 2.6.5 ImageButton 控件 26
- 2.6.6 Panel 控件 27
- 2.6.7 PlaceHolder 控件 27
- 2.6.8 CheckBox 控件 27
- 2.6.9 CheckBoxList 控件 29

习题 30

第3章 注册页面的验证 31
3.1 情景分析 31
3.2 数据验证控件 32
- 3.2.1 RequiredFieldValidator 控件 32
- 3.2.2 CompareValidator 控件 33
- 3.2.3 RangeValidator 控件 35
- 3.2.4 RegularExpressionValidator 控件 36
- 3.2.5 ValidationSummary 控件 38

3.3 注册页面的验证实现 39
3.4 知识拓展 40
- 3.4.1 客户端验证与服务器端验证 40
- 3.4.2 验证组 41
- 3.4.3 禁用验证 41

习题 41

第4章 注册页面的数据库操作 42
4.1 情景分析 42
4.2 ADO.NET 对象模型 42
- 4.2.1 ADO.NET 概述 42
- 4.2.2 .NET Framework 数据提供程序 43

4.3 Connection 对象 43
4.4 Command 对象 47
4.5 注册页面的实现 49

习题 50

第 5 章 图书显示 51
5.1 情景分析 51
5.2 DataSet 对象 51
5.3 DataTable 对象 52
5.4 DataAdapter 对象 54
5.5 图书显示的实现 55
5.6 知识拓展 55
    5.6.1 DataReader 对象 55
    5.6.2 执行的存储过程 57
习题 60

第 6 章 会员管理 61
6.1 情景分析 61
6.2 Web.config 配置文件 62
6.3 Session 对象 66
6.4 会员管理的实现 68
6.5 发布网站 73
6.6 知识拓展 78
    6.6.1 Application 对象 78
    6.6.2 Cookie 对象 79
习题 82

第 7 章 图书展示 83
7.1 情景分析 83
7.2 数据绑定 84
7.3 Repeater 控件 85
7.4 DataList 控件 87
7.5 图书展示的实现 89
习题 92

第 8 章 图书维护 93
8.1 情景分析 93
8.2 数据源控件 94
8.3 GridView 控件 98
    8.3.1 GridView 控件简介 98
    8.3.2 GridView 控件的常用
           属性 98
    8.3.3 GridView 控件的数据
           绑定列 100

8.4 利用数据源控件实现图书
     维护 101
    8.4.1 GridView 控件的排序和
           分页 101
    8.4.2 编辑 GridView 数据 102
    8.4.3 在 GridView 中使用
           下拉列表 104
    8.4.4 使用 HyperLinkField 列
           显示超链接 106
8.5 利用代码实现图书维护 108
习题 111

第 9 章 图书信息修改 112
9.1 情景分析 112
9.2 FormView 控件 113
9.3 FileUpload 控件 117
9.4 SqlDataSource 的参数 117
9.5 利用数据源控件实现图书
     信息修改 120
9.6 利用代码实现图书信息修改 122
习题 124

第 10 章 外观设计 125
10.1 母版页 125
    10.1.1 情景分析 125
    10.1.2 母版页概述 126
    10.1.3 母版页应用实例 126
10.2 用户控件 131
    10.2.1 情景分析 131
    10.2.2 用户控件简介 131
    10.2.3 用户控件应用 131
10.3 外观和主题 134
    10.3.1 情景分析 134
    10.3.2 主题 135
    10.3.3 外观文件 135
    10.3.4 样式 135
    10.3.5 主题与外观应用实例 135
10.4 知识拓展 139
    10.4.1 将已创建的网页嵌入
            母版页中 139
    10.4.2 母版页的嵌套 139

10.4.3 访问母版页的控件和
属性 140
10.4.4 母版页的动态加载 140
10.4.5 将主题文件应用于整个
应用程序 141
10.4.6 编程控制主题 141
10.4.7 禁用主题 141
习题 142

第 11 章 AJAX 技术 143
11.1 AJAX 简介 143
11.2 ASP.NET AJAX 简介 144
11.3 ASP.NET AJAX 常用控件 145
    11.3.1 ScriptManager 控件 145
    11.3.2 UpdatePanel 控件 145
    11.3.3 Timer 控件 148
    11.3.4 ScriptManagerProxy
控件 148
11.4 ASP.NET AJAX 应用实例 149
    11.4.1 ASP.NET AJAX 实现
登录 149
    11.4.2 ASP.NET AJAX 实现
下拉列表框 150
    11.4.3 ASP.NET AJAX 实现
信息即时刷新 153
11.5 JQuery 的 AJAX 技术 153
习题 156

第 12 章 Web 服务及分层开发 157
12.1 Web 服务 157
    12.1.1 情景分析 157
    12.1.2 什么是 Web 服务 158
    12.1.3 Web 服务体系结构 158
    12.1.4 Web 服务的相关标准
和规范 159
    12.1.5 图书信息发布 Web
服务的实现 159
12.2 分层开发 165
    12.2.1 情景分析 165
    12.2.2 三层体系结构 166
    12.2.3 N 层体系结构的
优势 167

12.2.4 ObjectDataSource
控件 167
12.2.5 分层实现 167
12.3 知识拓展 172
    12.3.1 页面级输出缓存 172
    12.3.2 页面部分缓存 173
    12.3.3 在 Cache 中存储数据 173
习题 174

第 13 章 网上书店系统 175
13.1 系统概述 175
13.2 系统功能 175
13.3 购物流程 176
13.4 公用文件 177
    13.4.1 Common 类 177
    13.4.2 DBHelper 类 177
    13.4.3 外观文件 180
    13.4.4 样式文件 181
    13.4.5 购物车类 182
13.5 前台购物系统 186
    13.5.1 前台母版页 186
    13.5.2 首页 190
    13.5.3 图书搜索页面 194
    13.5.4 图书详情页面 196
    13.5.5 购物车页面 197
    13.5.6 收银台页面 201
13.6 会员中心 204
    13.6.1 个人信息页面 204
    13.6.2 我的订单页面 205
    13.6.3 订单详情页面 207
    13.6.4 修改个人信息页面 208
    13.6.5 修改口令页面 210
13.7 后台管理系统 211
    13.7.1 图书管理页面 211
    13.7.2 新增图书页面 213
    13.7.3 图书类别管理页面 218
    13.7.4 会员管理页面 221
    13.7.5 订单管理页面 222
习题 226

附录 A 本书案例数据库 227

参考文献 228

第 1 章 ASP.NET 开发环境

本章通过介绍 Web 基础知识、ASP.NET 运行环境的配置，以及编写第 1 个 ASP.NET 程序，使读者大致了解 ASP.NET。

本章目标	☑ 了解 Web 基础知识 ☑ 配置 ASP.NET 的运行环境 ☑ 能初步编写 ASP.NET 程序 ☑ 了解 ASP.NET 页面的生命周期

1.1 ASP.NET 概述

ASP.NET（Active Server Pages.NET）是 Microsoft .NET Framework 中的一套用于生成 Web 应用程序和 XML Web Services 的技术。ASP.NET 页在服务器上执行并生成发送到桌面或移动浏览器的标记（如 HTML、WML 或 XML）。ASP.NET 页使用一种已编译的、由事件驱动的编程模型，这种模型可以提高性能并支持将应用程序逻辑同用户界面相隔离。ASP.NET 页和使用 ASP.NET 创建的 XML Web Services 文件包含用 Visual Basic、C#或任何 .NET 兼容语言编写的服务器端（而不是客户端）逻辑。Web 应用程序和 XML Web Services 利用了公共语言运行库的功能，如类型安全、继承、语言互操作、版本控制和集成安全性等。

ASP.NET 是作为.NET 框架体系结构的一部分推出的。2000 年 ASP.NET 1.0 正式发布，2003 年 ASP.NET 升级为 1.1 版本。2005 年 11 月微软公司又发布了 ASP.NET 2.0。ASP.NET 2.0 增加了新的、更高层次的特性支持，其主要特性如下：

- 丰富的控件；
- 模板页；
- 主题；
- 安全和成员资格；
- 数据源控件；
- Web 部件；
- 配置文件。

ASP.NET 3.0 并不存在，微软使用.NET Framework 3.0 的名称发布了一系列新的技术。其中，最著名的有 WPF，它是用于构建富客户端的全新用户界面技术；WCF 是用于构建面向消息的服务技术；WF 允许把复杂的业务逻辑过程建模为一组动作，不过.NET Framework 3.0 没有包括新版本的 CLR 或者 ASP.NET。

ASP.NET 的下一版本直接进入了 Asp.net 3.5，其新特性主要集中在两方面：LINQ 和 AJAX。LINQ 是一组用于 C#和 VB 语言的扩展查询，它允许 C#或 VB 代码以查询数据库相同的方式操作内存数据。ASP.NET AJAX 是异步的 JS 和 XML。AJAX 是一项客户端快捷编程技术，它允许页面不必触发一次完整的回发就可以调用服务器方法并更新自身的内容。

ASP.NET 使用的是 ASP.NET 2.0 引擎，混合着.NET2.0、.NET3.0、.NET3.5 的程序集。

1.2 配置 ASP.NET 的运行环境

1.2.1 ASP.NET 的运行环境

1. 软件环境

操作系统：Windows 2000 Professional/Server、Windows XP Professional 或已安装 Service Pack 的 Windows NT 4.0 等。

服务端软件：Internet Information Services 5.0+.NET Framework。此外，如果有 Visual Studio.NET 套件，则只需在 IIS 5.0 的基础上安装此套件即可。

WWW 客户端软件：Internet Explorer 5.5 或 6.0 及上版本。

2. 硬件环境

对运行 ASP.NET 的计算机而言，硬盘及内存容量越大越好，其中内存容量最低为 256 MB。

1.2.2 安装 IIS 服务器

IIS 是 Internet Information Server 的缩写，是微软公司主推的 Web 服务器，其可靠性、安全性和可扩展性都非常好，并能很好地支持多个 Web 站点。IIS 提供了最简捷的方式来共享信息、创建并部署企业应用程序以及创建和管理 Web 上的网站。通过 IIS，用户可以轻松地测试、发布、应用和管理自己的 Web 页和 Web 站点。

Windows 2000/XP 的 Professional 以上版本的操作系统都没有 IIS 组件，需要用户自行安装。安装 IIS 很简单，大约花费几分钟时间就可以完成。下面以 Windows XP 系统为例说明 IIS 的安装步骤。

（1）选择"开始"→"控制面板"命令，在"控制面板"窗口中双击"添加或删除程序"图标，在"添加或删除程序"窗口中单击"添加/删除 Windows 组件"图标，弹出"Windows 组件向导"对话框，在"组件"列表框中选中"Internet 信息服务（IIS）"复选框（见图 1-1），然后单击"详细信息"按钮。

（2）在"Internet 信息服务（IIS）"对话框中选中各复选框，如图 1-2 所示。

（3）连续单击两次"确定"按钮后，在光驱中放入 Windows XP 的安装光盘。安装完毕后，可以测试一下安装是否成功。在浏览器的地址栏中输入 http://localhost，如果安装成功，则会出现欢迎界面，如图 1-3 所示。

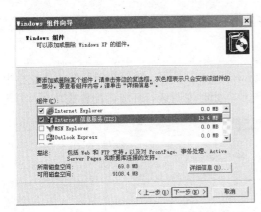 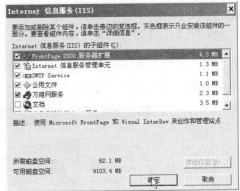

图 1-1 选中"Internet 信息服务(IIS)"复选框　　图 1-2 "Internet 信息服务(IIS)"对话框

图 1-3 欢迎界面

1.2.3 安装.NET Framework

安装完 IIS 以后，为了支持 ASP.NET 脚本，还必须安装.NET Framework 2.0 或以上版本，可以在微软的网站下载；如果安装了 Visual Studio 2010，则会自动安装.NET Framework。需要注意的是，一定要先安装 IIS，然后再安装.NET Framework。

1.2.4 测试 ASP.NET 环境

安装.NET Framework 后，系统就具备了运行 ASP.NET 的环境，可以通过运行一个简单的 ASP.NET 程序来验证。

【例 1-1】创建一个简单的 ASP.NET 程序，在记事本中输入下面的程序（first.aspx）：

```
<% @ Page Language="C#" %>
<%
    //下面的语句输出"第一个 ASP.NET 程序!"
    Response.Write("第一个 ASP.NET 程序! ");
%>
```

> **提 示**
>
> ASP.NET 文件的扩展名为.aspx。

将文件命名为 first.aspx，并保存到 C:\Inetpub\wwwroot 目录下，然后在浏览器的地址栏中输入 http://localhost/first.aspx，运行结果如图 1-4 所示。此时说明运行环境已配置成功。

图 1-4　运行结果

说明：

- 文件的保存位置要根据系统的 Inetpub 文件夹来决定，例如，Inetpub 文件夹在 D 盘中，则应存放到 D:\Inetpub\wwwroot 目录下。
- localhost 指本机，等同于 127.0.0.1，即网址也可为 http://127.0.0.1/first.aspx。
- 物理磁盘上的 wwwroot 目录对应网站的主目录，这里 http://127.0.0.1 对应 C:\Inetpub\wwwroot 文件夹。

1.3　Visual Studio 2010 集成开发环境

Visual Studio 是微软公司推出的开发环境，是目前最流行的 Windows 平台应用程序开发环境。Visual Studio 2010 版本于 2010 年 4 月 12 日上市，其集成开发环境（IDE）的界面被重新设计和组织，变得更加简单明了。Visual Studio 2010 同时带来了 .NET Framework 4.0、Microsoft Visual Studio 2010 CTP（Community Technology Preview），并且支持开发面向 Windows 7 的应用程序。除了 Microsoft SQL Server，它还支持 IBM DB2 和 Oracle 数据库。

使用 Visual Studio 2010 可以通过 Microsoft 兼容的语言来创建应用程序，还允许创建 Windows Form、XML Web 服务、.NET 组件、移动应用程序和 ASP.NET 应用程序等。Microsoft Visual Studio 2010 包括 Visual Basic、Visual C++、Visual C#和 Visual J#四种内置的开发语言，它们使用相同的集成开发环境，有助于创建混合语言解决方案。

使用 Visual Studio.NET 的好处是它提供了下列能够使应用程序开发更快速、简易及可靠的工具：

- 可视化的网页设计器。它能够以拖放方式生成控件，并提供具备语法检查功能的 HTML（代码）视图画面。
- 智能型的代码编辑器。它具备命令语句完成、语法检查及其他的智能感知功能。
- 集成的编译与调试功能。
- 项目管理功能。它能够生成与管理应用程序文件，并替用户将文件部署至本机或远程服务器。

Visual Studio 2010 系统的初始界面如图 1-5 所示。

Visual Studio 2010 目前有 5 个版本：专业版、高级版、旗舰版、学习版和测试版。其中，专业版（Professional）面向个人开发人员，提供集成开发环境、开发平台支持、测试工具等。本书开发环境使用 Visual Studio 2010 专业版。

图 1-5　Visual Studio 2010 系统的初始界面

1.4　用 Visual Studio 2010 开发 ASP.NET 程序

Visual Studio 2010 提供了强大的功能，用户可以方便地进行 ASP.NET 程序的开发。下面利用 Visual Studio 2010 来开发一个简单的 ASP.NET 程序。

【例 1-2】用户在图 1-6 所示的页面编辑框中输入文本后单击"确定"按钮，程序读取编辑框中输入的信息并显示在页面上，如图 1-7 所示。

图 1-6　运行初始页面　　　　　　　　图 1-7　运行结果

（1）选择"开始"→"所有程序"→"Microsoft Visual Studio 2010"→"Microsoft Visual Studio 2010"命令，启动 Visual Studio 2010。

（2）选择"文件"→"新建"→"网站"命令，如图1-8所示。

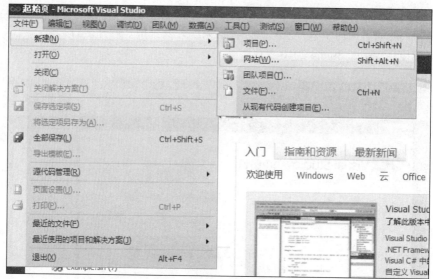

图1-8　新建网站菜单

（3）在"新建网站"对话框中进行如图1-9所示的设置。

- 已安装的模板：Visual C#。
- "Web位置"下拉列表：选择"文件系统"。
- "位置"编辑框：网站根目录设为 C:\WebSite1。
- 模板类型：ASP.NET空网站。

图1-9　"新建网站"对话框

（4）单击"确定"按钮，进入图1-10所示的界面。

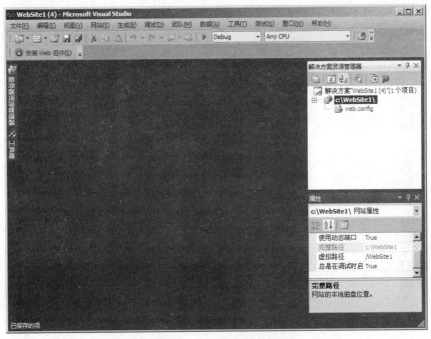

图 1-10　网站属性界面

（5）选择"网站"→"添加新项"命令，在打开的"添加新项"窗口中选择"Web 窗体"，名称设置为 Default.aspx，如图 1-11 所示。

图 1-11　设置"添加新项"窗口

（6）单击"添加"按钮，网站中增加了 Default.aspx 页面，如图 1-12 所示。

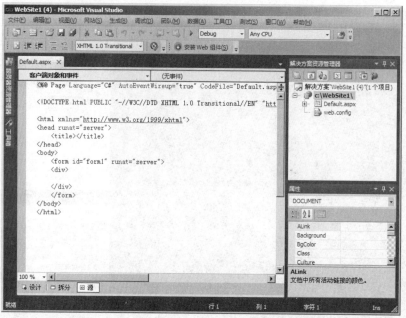

图 1-12 增加 Default.aspx 页面后的网站结构

（7）单击窗体下方的"设计"标签，切换到 Default.aspx 的"设计"视图；从"工具箱"中向设计窗体中拖放 1 个 TextBox 控件和 1 个 Button 控件，如图 1-13 所示；选中 Button 控件，按【F4】键弹出"属性"窗格，设置 Button 控件的 Text 属性为"确定"，如图 1-14 所示。

图 1-13 工具箱

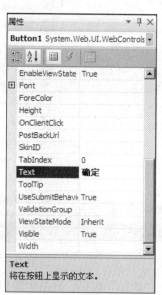

图 1-14 "属性"窗格

设计完成的 Default.aspx 界面如图 1-15 所示。

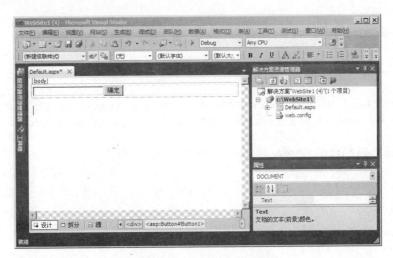

图 1-15　Default.aspx 界面

（8）双击"确定"按钮，切换到代码文件 Default.aspx.cs 的编辑窗口，将光标定位于 Button1_Click 方法体中，输入以下代码，如图 1-16 所示。

```
Response.Write("您输入的内容是: "+TextBox1.Text);
```

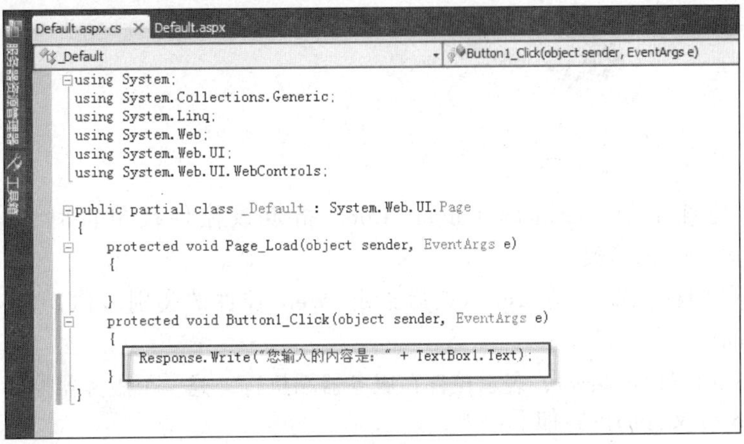

图 1-16　Default.aspx.cs 编辑窗口

（9）选择"调试"→"启动调试"命令或按【F5】键运行 Web 应用程序，弹出图 1-17 所示的系统提示对话框，单击"确定"按钮，出现图 1-6 所示的 IE 浏览器窗口。

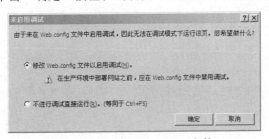

图 1-17　添加 Web.config 文件

经过以上操作，该页面由两个文件构成，即网页文件 Default.aspx 与相应的代码文件 Default.aspx.cs。

Default.aspx 文件的内容如下：

```
<%@ Page Language="C#" AutoEventWireup="true" CodeFile="Default.aspx.cs"
    Inherits="_Default" %>

<!DOCTYPE html PUBLIC "-//W3C//DTD XHTML 1.0 Transitional//EN"
    "http://www.w3.org/TR/xhtml1/DTD/xhtml1-transitional.dtd">

<html xmlns="http://www.w3.org/1999/xhtml">
<head runat="server">
    <title></title>
</head>
<body>
    <form id="form1" runat="server">
    <div>
    
        <asp:TextBox ID="TextBox1" runat="server"></asp:TextBox>
        <asp:Button ID="Button1" runat="server" OnClick="Button1_Click"
            Text="确定" />
    
    </div>
    </form>
</body>
</html>
```

程序说明：

- Button1 控件中的 OnClick="Button1_Click" 指定该控件被单击时，应该执行名为 Button1_Click( )的函数。
- Web 控件的标记前缀是 asp:，然后指定 Web 控件的类别名称，如 asp:TextBox 和 asp:Button。
- 指定 Runat 属性为 server，表示控件在服务器端执行，是一个服务器控件。

Default.aspx.cs 文件的内容如下：

```
using System;
using System.Collections.Generic;
using System.Linq;
using System.Web;
using System.Web.UI;
using System.Web.UI.WebControls;

public partial class _Default : System.Web.UI.Page
{
    protected void Page_Load(object sender, EventArgs e)
    {

    }
    protected void Button1_Click(object sender, EventArgs e)
```

```
    {
        Response.Write("您输入的内容是: " + TextBox1.Text);
    }
}
```

1.5 知识拓展

1.5.1 ASP.NET 页面处理过程

一个 ASP.NET 页面在运行时将经历一个生命周期，在生命周期中将执行一系列处理步骤。这些步骤包括初始化、实例化控件、还原和维护状态、运行事件处理程序代码以及呈现页面。了解了页面事件的触发顺序，在实际的网站开发中，就可以根据需要在不同的事件发生时给出处理操作。

在页面生命周期的每个阶段将引发一些事件，事件被引发时会运行程序员提供的事件处理代码。页面还支持自动事件连接，即 ASP.NET 将寻找具有特定名称的方法，并在引发特定事件时自动运行这些方法。如果将@Page 指令的 AutoEventWireup 属性设置为 True（若未定义该属性则默认为 True），页面事件将自动绑定至使用 Page_event 命名约定的方法，如 Page_Load 和 Page_Init。

表 1-1 所示为主要的页面生命周期事件及说明。

表 1-1 页面生命周期事件及说明

页面生命周期事件	作 用
Page_PreInit	动态设置页面主题或创建动态控件
Page_Load	Page_Load 事件在每次页面加载时都会运行，如果只想在第一次加载此页面时执行 Page_Load 中的代码，则可以使用 IsPostBack 属性。如果 IsPostBack 属性为 false，则页面是第一次被加载；如果为 true，则页面是被"投递"（post）回服务器的
控件事件	开发者自己定义的事件，如按钮被单击等
Page_Unload	完成页面呈现之后，程序完成后面的清理工作，例如，断开数据库连接、删除对象和关闭文件等

1.5.2 IsPostBack 属性

Page 对象具有一个 IsPostBack 属性，可以用来检查目前网页是否为第一次加载。当用户第一次浏览网页时，Page.IsPostBack 会返回 False，否则返回 True。

【例 1-3】利用 Page.IsPostBack 属性判断网页是否为第一次载入。（PostBack.aspx）

（1）新建一个 ASP.NET 空网站 WebSite2。

（2）添加一个页面，文件名为 Defaultx.aspx；从"工具箱"拖入 1 个 Button 控件。

（3）切换到 Defaultx.aspx.cs，完成 Page_Load 方法：

```
protected void Page_Load(object sender, EventArgs e)
{
    if(!IsPostBack)
    {
```

```
            Response.Write("页面第一次加载。");
        }
        else
        {
            Response.Write("页面非第一次加载。");
        }

    }
```

运行该页面，初次运行结果如图 1-18 所示，单击 Button 按钮，结果如图 1-19 所示。需要注意的是，初次运行与单击按钮后的提示不同。

提 示

这里的按钮只起到了提交页面的作用，它的单击事件没有代码。

图 1-18　页面首次加载

图 1-19　页面被提交后加载

习　题

1. ASP.NET 2.0 有什么优点？
2. 运行 ASP.NET 页面是否必须有 Visual Studio 2010 环境？
3. 编写一个简单的程序，在页面上输出"您好！"。
4. IsPostBack 的作用是什么？
5. 简述页面的事件序列及作用。
6. 上机调试本章例题。

第 2 章 注册页面的设计

服务器控件是 Web 页面必需的界面元素，利用服务器控件可以显示信息及收集用户信息。本章通过注册页面的设计介绍一些基本的服务器控件，并介绍利用表格进行页面布局的方法。

本章目标	☑ 掌握常用服务器控件的使用方法 ☑ 掌握利用表格布局网页的方法

2.1 情景分析

在网上书店中，用户只浏览网站无须登录，但如果要购买商品，则必须是网站会员。成为会员需要先注册，登记个人的相关信息，如用户名、真实姓名、性别、登录密码、确认密码、密码查询问题、密码查询答案和 E-mail 等，因此网站要提供一个注册页面，以便用户录入个人相关信息。注册页面如图 2-1 所示，录入信息后单击"提交"按钮，程序读出用户输入的信息，然后显示在页面上，如图 2-2 所示。注意：这里只是显示出来，以后会把用户信息写到数据库中保存。

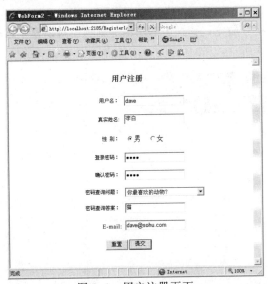

图 2-1 用户注册页面

图 2-2 页面显示注册信息

在这个页面中用到了各种控件以及表格的布局，下面将介绍控件与表格布局。

2.2 服务器控件简介

网页的 HTML 标签都是静态的，服务器端的 C#代码无法得到这些元素，也不能动态地为这些元素添加或修改属性。

ASP.NET 引入了服务器控件的概念，允许 Web 开发人员在服务器端识别这些元素，并对它们进行控制。服务器控件是页面上能够被服务器端代码访问和操作的任何控件，它们都具有 Runat="server"属性，ID 属性是服务器端代码访问和操作控件的唯一标识。

ASP.NET 服务器控件都是页面上的对象，采用事件驱动的编程模型，控件的事件处理发生在服务器而不是客户端，事件的处理需要进行客户端与服务器端的往返。

服务器控件的事件处理遵循.NET Framework 模式，即所有事件处理都传递参数。例如：
Button1_Click(object sender,EventArgs e)

（1）sender：表示引发事件对象的对象，以及包含任何事件特定信息的事件对象。

（2）EventArgs：对某些控件来说特定于该控件的类型。

2.3 常用控件

2.3.1 Button 控件

Button 控件用于接收 Click 事件，并执行相应的事件程序。通过使用 Form 的 DefaultButton 属性指定按钮的 ID，可以设置.aspx 页面的默认按钮。

Button 控件的 OnClientClick 属性可用于执行客户端语句或函数。

【例 2-1】学习使用 Button 控件的 OnClientClick 属性。

（1）新建一个 ASP.NET 空网站。

（2）选择菜单栏中的"网站"→"添加新项"命令，在弹出的"添加新项"对话框中选择"Web 窗体"，名称设置为 Button.aspx，如图 2-3 所示。

图 2-3 "添加新项"对话框

（3）打开 Button.aspx，切换到"设计"视图；从"工具箱"的"标准"栏中向 Button.aspx 拖入一个 Button 控件。

（4）打开 Button.aspx，切换到"源"视图，设置 Button1 控件的 OnClientClick 属性：

```
<asp:Button ID="Button1" runat="server" Text="Button"  OnClientClick="return
    confirm ('确定要执行？');" OnClick="Button1_Click" />
```

（5）双击 Button1 控件，为 Button1 的单击事件编写如下代码：

```
protected void Button1_Click(object
    sender, EventArgs e)
{
    Response.Write("你好");
}
```

图 2-4　运行效果

在解决方案资源管理器窗口选中 Button.aspx，按【F5】键运行页面，单击 Button 按钮，弹出提示框，如图 2-4 所示。如果单击"取消"按钮，则不执行 Button1 的单击事件代码；如果单击"确定"按钮，则执行 Button1 的单击事件的代码，输出"你好"。

2.3.2　TextBox 控件

TextBox 控件用来接收键盘输入的数据。

TextBox 控件的属性及说明如表 2-1 所示。

表 2-1　TextBox 控件的属性及说明

属　　性	说　　明
AutoPostBack	设置当按【Enter】键或【Tab】键离开 TextBox 时，是否要自动触发 OnTextChanged 事件
Columns	文本框一行能够输入的字符个数
MaxLength	设置 TextBox 可以接收的最大字符数目
Rows	文本框的行数，该属性在 TextMode 属性设为 MultiLine 时才有效
Text	文本框中的内容
TextMode	文本框的输入模式有 3 种情况： （1）SingleLine：只可以输入一行； （2）PassWord：输入的字符以*代替； （3）MultiLine：可输入多行
Wrap	是否自动换行，默认为 true。该属性在 TextMode 属性设为 MultiLine 时才有效

TextBox 有一个 OnTextChanged 事件，如果 TextBox 内的文本被改动而且 AutoPostBack 设为 True，则焦点离开 TextBox 时会立即触发 OnTextChanged 事件。

值得注意的是，AutoPostBack 属性是多数表单控件所拥有的属性。如果设置了某控件的 AutoPostBack 属性为 True，并指定了处理过程，一旦该控件内容发生变化，就会执行指定的处理过程。反之，如果控件的 AutoPostBack 属性为 False，那么当表单被提交时，如果检测到控件内容发生了变动，则控件的处理过程会"顺便"被执行。

【例 2-2】学习 TextBox 的 AutoPostBack 的用法。

（1）新建一个 ASP.NET 空网站。

（2）添加一个页面，文件名为 AutoPostBack.aspx。

（3）从"工具箱"的"标准"栏中向 AutoPostBack.aspx 拖入一个 TextBox 控件。

（4）设置 TextBox 控件的 AutoPostBack 属性为 True，如图 2-5 所示。

（5）选中 TextBox 控件，在属性窗口切换到事件页，如图 2-6 所示。在 TextChanged 处双击，进入代码窗口，为 TextBox 控件的 TextChanged 事件编写代码。

 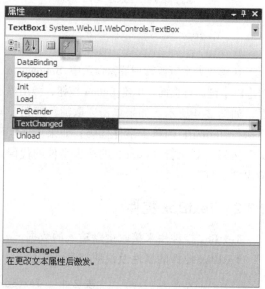

图 2-5　设置 AutoPostBack 属性　　　　图 2-6　TextBox 控件的 TextChanged 事件

```
protected void TextBox1_TextChanged(object sender, EventArgs e)
{
    Response.Write(TextBox1.Text);
}
```

程序说明：

设置 TextBox 的 AutoPostBack="True"，同时指定文本内容变化时运行 TextBox1_TextChanged，这样，运行程序后，在 TextBox 中输入 Hello，然后按【Tab】键使焦点离开 TextBox，于是马上触发 OnTextChanged，执行程序输出 TextBox 中的文本内容 Hello，如图 2-7 所示。

图 2-7　TextBox 的 AutoPostBack 的用法

2.3.3　RadioButton 控件

RadioButton 控件用于从多个选项中选择一项，属于多选一控件。RadioButton 控件的基本功能相当于 HTML 控件的 <InputType="Radio">。

若希望在一组 RadioButton 控件中只能选择一个，只要将它们的 GroupName 设为同一个名称即可。

RadioButton 控件有 OnCheckedChanged 事件，这个事件在 RadioButton 控件的选择状态发生改变时触发；要触发这个事件，必须把 AutoPostBack 属性设为 Ture 才生效。

【例 2-3】学习 RadioButton 的用法，运行结果如图 2-8 所示。

（1）新建一个 ASP.NET 空网站。

（2）添加一个页面，文件名为 RadioButton.aspx。

（3）从"工具箱"的"标准"栏中向 RadioButton.aspx 拖入 3 个 RadioButton 控件、1 个按钮。设置 3 个 RadioButton 控件的 Text 属性分别为"政治""英语""语文"，GroupName 属性都为 course。

（4）双击按钮，为按钮的单击事件编写如下代码：

图 2-8　RadioButton 的用法

```
protected void Button1_Click(object sender, EventArgs e)
{
    string s="您选择了：";
    if(RadioButton1.Checked)              //如果选中 r1
        s=s+RadioButton1.Text;
    if(RadioButton2.Checked)              //如果选中 r2
        s=s+RadioButton2.Text;
    if(RadioButton3.Checked)              //如果选中 r3
        s=s+RadioButton3.Text;
    Response.Write(s);
}
```

程序说明：

本例中把 3 个 RadioButton 控件的 GroupName 都设为 course，这样只能有一个 RadioButton 处于选中状态，利用其 Checked 属性可以知道 RadioButton 是否被选中。

2.3.4　RadioButtonList 控件

当使用几个 RadioButton 控件时，在程序的判断上非常麻烦，RadioButtonList 控件提供了一组 RadioButton，可以方便地取得用户选取的项目。

RadioButtonList 控件的常用属性及说明如表 2-2 所示。

表 2-2　RadioButtonList 控件的常用属性及说明

属　　性	说　　明
AutoPostBack	设置是否立即响应 OnSelectedIndexChanged 事件
CellPading	各项目之间的距离，单位是像素
Items	返回 RadioButtonList 控件中的 ListItem 的对象
RepeatColumns	一行放置选择项目的个数，默认为 0（忽略此项）
RepeatDirection	选择项目的排列方向，可设置为 vertical（默认值）或 horizontal
RepeatLayout	设置 RadioButtonList 控件的 ListItem 排列方式是使用 Table 来排列还是直接排列，预设是 Table
SelectedIndex	返回被选取的 ListItem 的 Index 值
SelectedItem	返回被选取的 ListItem 对象
TextAlign	设置各项目所显示的文字是在按钮的左方还是右方，默认为 Right

ListItem 控件的常用属性及说明如表 2-3 所示。

表 2-3　ListItem 控件的常用属性及说明

属　　性	说　　　　明
Selected	此项目是否被选取
Text	项目的文字
Value	和这个 Item 相关的数据

ListItem 的语法如下：

`<ASP:ListItem>Item1</ASP:ListItem >`

或

`<ASP:ListItem Text="Item1" />`

【例 2-4】学习 RadioButtonList 的用法，运行结果如图 2-9 所示。

（1）新建一个 ASP.NET 空网站。

（2）添加一个页面，文件名为 RadioButtonList.aspx。

（3）从"工具箱"的"标准"栏中向 RadioButtonList.aspx 拖入 1 个 RadioButtonList 控件、1 个 Button 控件、1 个 Label 控件。

（4）在 RadioButtonList.aspx 页面双击，为页面的 Page_Load 编写如下代码：

```
protected void Page_Load(object sender, EventArgs e)
{
    if(!IsPostBack)
    {
        Button1.Text="确定";
        RadioButtonList1.Items.Add(new ListItem( "男","M"));
        RadioButtonList1.Items.Add(new ListItem("女", "F"));

        RadioButtonList1.SelectedIndex=0;
    }
}
```

图 2-9　RadioButtonList 的用法

（5）双击按钮，为按钮的单击事件编写如下代码：

```
protected void Button1_Click(object sender, EventArgs e)
{
    Label1.Text="您选择了:<b>"+RadioButtonList1.SelectedItem.Text
      +"</B>   它的相关值为: <b>"
      + RadioButtonList1.SelectedItem.Value + "</B>";
}
```

程序说明：

在程序中，男、女作为 ListItem 的文本（Text）显示出来让用户选择性别，而对应的值 M、F 作为 ListItem 的值（Value）；用户选择了性别之后，就可以用 SelectedItem.Text 与 SelectedItem.Value 取得选中项的文本及对应的值。

当使用程序来产生一个 ListItem 控件的对象时，常用以下两种方式：

`ListItem item=new ListItem("Item1");`

ListItem item=new ListItem(""Item1""," Item Value ");

第 1 种方式在创建 ListItem 对象时设置了其 Text 属性；第 2 种方式则是设置其 Text 属性及 Value 属性。Value 属性和 Text 属性的类型一样，都是字符串，但是 Text 属性的内容会显示出来，而 Value 不会。

2.3.5 DropDownList 控件

DropDownList 控件是一个下拉式的选择控件。DropDownList 控件的常用属性及说明如表 2-4 所示。

表 2-4 DropDownList 控件的常用属性及说明

属　　性	说　　明
AutoPostBack	设置是否立即响应 OnSelectedIndexChanged 事件
Items	返回 DropDownList 控件中 ListItem 的对象
SelectedIndex	返回被选取的 ListItem 的 Index 值
SelectedItem	返回被选取的 ListItem 对象

DropDownList 控件支持 SelectedIndexChanged 事件，若指定发生本事件要触发的事件程序，并将 AutoPostBack 属性设为 True，则当改变 DropDownList 控件里的选项时，便会触发这个事件。

图 2-10 DropDownList 控件的使用

【例 2-5】用 DropDownList 控件选择课程，在 DropDownList 控件中设置课程，单击"确定"按钮，运行结果如图 2-10 所示。

（1）新建一个 ASP.NET 空网站。

（2）添加一个页面，文件名为 DropDownList.aspx。

（3）从"工具箱"的"标准"栏中向 DropDownList.aspx 拖入 1 个 DropDownList 控件、1 个 Button 控件、1 个 Label 控件。

（4）为页面的 Page_Load 编写如下代码：

```
protected void Page_Load(object sender, EventArgs e)
{
    if(!IsPostBack)
    {
        Button1.Text="确定";
        DropDownList1.Items.Add("语文");
        DropDownList1.Items.Add("数学");
        DropDownList1.Items.Add("物理");
    }
}
```

（5）为按钮的单击事件编写如下代码：

```
protected void Button1_Click(object sender, EventArgs e)
{
```

```
Label1.Text="您选择的课程是:<font color=red>"+DropDownList1.SelectedItem.
Text+"<br></font>";
   }
```

2.3.6 ListBox 控件

ListBox 控件和 DropDownList 控件的功能几乎一样，只是 ListBox 控件是一次将所有的选项都显示出来。

ListBox 控件的常用属性及说明如表 2-5 所示。

表 2-5　ListBox 控件的常用属性及说明

属　　性	说　　明
AutoPostBack	设置是否立即响应 OnSelectedIndexChanged 事件
Items	返回 ListBox 控件中 ListItem 的对象
Rows	ListBox 控件一次要显示的行数
SelectedIndex	被选中的 ListItem 的 Index 值
SelectedItem	返回被选中的 ListItem 对象
SelectedItems	ListBox 控件可以多选，被选中的项目会被加入 ListItems 集合中；该属性可以返回 ListItems 集合，只读
SelectionMode	设置 ListBox 控件是否可以按住【Shift】键或【Ctrl】键的同时进行多选，默认值为 Single；为 Multiple 时可以多选

【例 2-6】学习 ListBox 控件的使用方法，运行结果如图 2-11 所示。

（1）新建一个 ASP.NET 空网站。

（2）添加一个页面，文件名为 ListBoxDemo.aspx。

（3）选择菜单栏中的"布局"→"插入表"命令，在弹出的"插入表"对话框中设置表为 1 行 3 列，如图 2-12 所示。

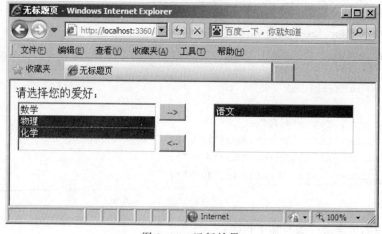

图 2-11　运行效果

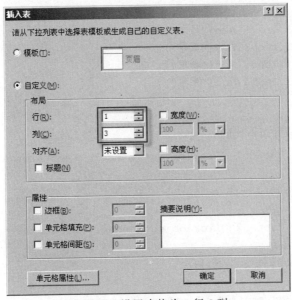

图 2-12　设置表格为 1 行 3 列

（4）从"工具箱"向 ListBoxDemo.aspx 拖入 2 个 ListBox 控件、2 个 Button 控件，布局页面如图 2-13 所示。

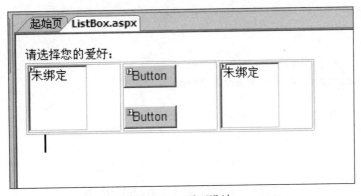

图 2-13　页面设计

（5）为页面的 Page_Load 编写如下代码：

```
protected void Page_Load(object sender, EventArgs e)
{
    if(!IsPostBack)
    {
        Button1.Text="-->";
        Button2.Text="<--";
        ListBox1.Width=200;
        ListBox2.Width=200;

        //允许多选
        ListBox1.SelectionMode=ListSelectionMode.Multiple;
        ListBox2.SelectionMode=ListSelectionMode.Multiple;
```

```
        ListBox1.Items.Add("语文");
        ListBox1.Items.Add("数学");
        ListBox1.Items.Add("物理");
        ListBox1.Items.Add("化学");
    }
}
```
（6）为两个按钮编写如下代码：
```
protected void Button1_Click(object sender, EventArgs e)
{
    move(ListBox1, ListBox2);
}
protected void Button2_Click(object sender, EventArgs e)
{
    move(ListBox2, ListBox1);
}
void move(ListBox srcList, ListBox destList)
{
    for(int i=srcList.Items.Count-1; i>=0; i--)
    {
        ListItem item=srcList.Items[i];
        if(item.Selected)
        {
            destList.Items.Add(item);
            srcList.Items.Remove(item);
        }
    }
}
```

2.4　利用表格布局网页

在网页制作中，表格是布局的一种重要手段，在 ASP.NET 程序中，表格的使用同样很重要。在后面的案例中有许多地方会用到表格。

1. 插入表格

选择"布局"→"插入表"命令，弹出图 2-14 所示的"插入表"对话框，在其中设置好行、列等属性后单击"确定"按钮，即可在页面中添加一个表格。

2. 选择表、行、列、单元格

当鼠标指针在表格的上边框移动出现✥图标时，单击即可选中表格；当鼠标指针在表格的左边框移动出现➡图标时，单击即可选中行；当鼠标指针在表格的上边框移动出现⬇图标时，单击即可选中列；当鼠标指针在单元格上移动出现⤢图标时，单击即可选中单元格，要选择更多的单元格，可以按住【Ctrl】键后用同样的方式继续选择。

3. 设置属性

选中表、行、列、单元格后，即可在"属性"窗格中设置其属性，如图 2-15 所示。对于表格，用它布局时，一般不希望它在页面上显示，因此通常设置 Border 为 0。

图 2-14 "插入表"对话框

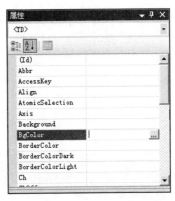

图 2-15 单元格的"属性"窗格

4. 单元格的合并

要合并单元格，先选中要合并的单元格，然后右击，在弹出的快捷菜单中选择"合并单元格"命令。

5. 行、列的插入与删除

在表格中右击，在弹出的快捷菜单中选择"插入""删除"命令中相应的子命令即可。

2.5 注册页面设计

1. 新建空网站

新建一个 ASP.NET 空网站，命名为 register1。

2. 添加 ASP.NET 页面

选择"网站"→"添加新项"命令，向项目中添加一个页面，并命名为 Register.aspx，然后在解决方案资源管理器中双击 Register.aspx。

3. 添加布局表格

选择"表"→"插入表"命令，向 Register.aspx 页面中插入一个 10 行 2 列的表格，合并上面一行的单元格以及底行的单元格，然后切换到"源"代码页面，设置 Table 的 Align 属性为 Center，使表格居中。

4. 拖入控件

从"工具箱"中向窗口中拖入控件，其中用户名、真实姓名、登录密码、确认密码、密码查询答案与 E-mail 对应的控件类型为 TextBox，性别对应的控件类型为 RadioButtonList，密码查询问题对应的控件类型为 DropDownList；提交对应的控件为 Button，重置为 HTML 控件 INPUT，类型为 reset。然后，在表格的相应位置输入文本，效果如图 2-16 所示。

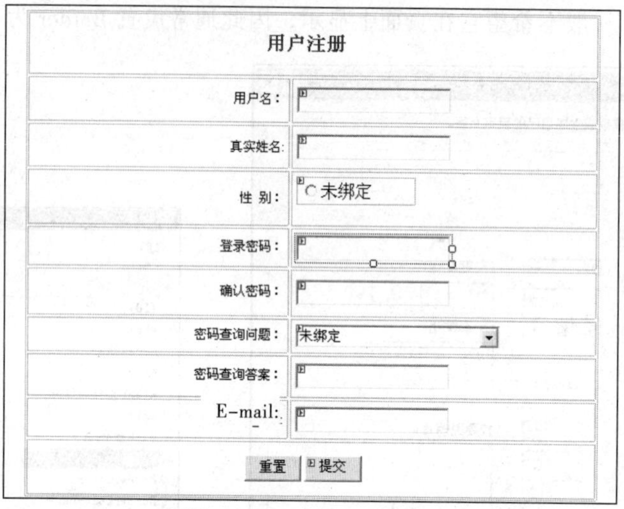

图 2-16 用户注册界面

5. 设置控件

设置各个控件的名称如下：

- 用户名：txtName。
- 真实姓名：txtRealName。
- 性别：lstSex。
- 登录密码：txtPwd1。
- 确认密码：txtPwd2。
- 密码查询问题：lstQuestion。
- 密码查询答案：txtAnswer。
- E-mail：txtEmail。

6. 为页面的 Page_Load 事件编写代码

双击页面空白处，切换到代码编辑窗口，为页面的 Page_Load 事件编写如下代码：

```
if(!IsPostBack)
{
    //设置性别
    lstSex.Items.Add("男");
    lstSex.Items.Add("女");
    stSex.SelectedIndex=0;
    //设置密码查询问题
    lstQuestion.Items.Add("你叫什么名字？");
    lstQuestion.Items.Add("你最喜欢的动物？");
    lstQuestion.Items.Add("你最喜欢的明星？");
    lstQuestion.SelectedIndex=0;
    //设置密码编辑框
    txtPwd1.TextMode=TextBoxMode.Password;
```

```
    txtPwd2.TextMode=TextBoxMode.Password;
}
```

7. 编写、读取并显示信息的代码

双击"提交"按钮，切换到代码编辑窗口，为提交事件编写如下代码：

```
Response.Write("<B>你输入的信息如下:</B>" );
Response.Write("<br>");
Response.Write("用户名:"+txtName.Text);
Response.Write("<br>");
Response.Write("真实名:"+txtRealName.Text.Trim());
Response.Write("<br>");
Response.Write("性别:"+lstSex.SelectedItem.Text.Trim());
Response.Write("<br>");
Response.Write("登录密码:"+txtPwd1.Text.Trim());
Response.Write("<br>");
Response.Write("确认密码:"+txtPwd2.Text.Trim());
Response.Write("<br>");
Response.Write("密码查询问题:"+lstQuestion.SelectedItem.Text);
Response.Write("<br>");
Response.Write("密码查询答案:"+txtAnswer.Text.Trim());
Response.Write("<br>");
Response.Write("E-mail:"+txtEmail.Text.Trim());
```

8. 运行程序

运行程序，输入相应信息后单击"提交"按钮，即可出现 2.1 节中图 2-1 和图 2-2 所示的效果。

2.6 知 识 拓 展

2.6.1 Label 控件

Label 控件为开发人员提供了一种以编程方式设置 Web 窗体页中文本的方法。通常当希望在运行时更改页面中的文本时就可以使用 Label 控件，当希望显示的内容不可以被用户编辑时，也可以使用 Label 控件。

2.6.2 Image 控件

Image 控件可用来显示图片，其语法为：

```
<ASP:Image Id="…" Runat="Server" ImageUrl="图片所在地址" AlternateText="图
    形没加载时的替代文字" … />
```

Image 控件最重要的属性是 ImageUrl，这个属性指明图形文件所在的目录或网址；如文件和网页存放在同一个目录，则可以省略目录直接指定文件名。

例如，下面的代码用于显示 test.jpg 图片。

```
<ASP:Image Id="Image1" ImageUrl="test.jpg " Runat="Server"/>
```

2.6.3 HyperLink 控件

HyperLink 控件可以用来设置超链接，其语法为：
```
<ASP:Hyperlink Id="…" Runat="Server"
ImageUrl="图片所在地址"
Target="目标窗口"/>
超链接文字
</ASP:Hyperlink>
```
【例 2-7】使用 HyperLink 控件制作一个指向 www.163.com 的超链接，运行结果如图 2-17 所示。（HyperLink.aspx）

```
<html>
<body>
<asp:Hyperlink id="Hyperlink1" runat=
"server"
    NavigateUrl="http://www.163.com"
    Text="单击进入 www.163.com"
    Target="self"/>
</body>
</html>
```

图 2-17 用 HyperLink 控件制作指向 www.163.com 的超链接

2.6.4 LinkButton 控件

LinkButton 控件的功能和 Button 控件一样，但其外观类似超链接。

2.6.5 ImageButton 控件

ImageButton 控件用图片来当作按钮。

ImageButton 控件在触发 Click 事件时，会传递用户在图形的哪个位置上单击按钮；参数 e 的类型为 ImageClick EventArgs，其 X、Y 属性分别表示鼠标指针在图像中的 x 和 y 的坐标值。

【例 2-8】当用户单击 ImageButton 控件时，显示编辑框中输入的信息，运行结果如图 2-18 所示。

（1）新建一个 ASP.NET 空网站。

（2）添加一个页面，文件名为 ImageButton.aspx。

（3）从"工具箱"的"标准"栏中向 ImageButton.aspx 拖入 1 个 TextBox 控件、1 个 ImageButton 控件。设置 ImageButton 控件的 ImageUrl 为 images 文件夹下的 SUBMIT.GIF。

（4）为 ImageButton 的单击事件编写如下代码：

图 2-18 ImageButton 控件

```
protected void ImageButton1_Click(object sender, ImageClickEventArgs e)
{
Response.Write("您输入的内容是: " +TextBox1.Text);

}
```

2.6.6 Panel 控件

Panel 控件用于在页面内为其他控件提供一个容器，可以将多个控件放入 Panel 控件，将它们作为一个单元控制，例如，隐藏或显示它们，它在页面中呈现为<div>标签。

其主要属性如下：
- Visible：控制 Panel 控件的可见性。
- BackImageUrl：在背景中显示图像，设置其 HorizontalAlignment 属性。
- Wrap：可以确定当行的长度超过页面的宽度时，控件中的项是否自动在下一行显示。

2.6.7 PlaceHolder 控件

PlaceHolder 控件是容器控件之一，它不产生任何可见的输出。当 Web 页动态加载用户自定义控件时，该控件会充当其他控件的容器，只起到一个占位的作用。在页面中使用 PlaceHolder 控件可以动态地添加服务器控件。

【例 2-9】在 PlaceHolder 控件中加载服务器控件。运行结果如图 2-19 所示。

```
<script language="C#" runat="server">
void Page_Load(Object sender, EventArgs e)
{
    for(int i=1;i<=5;i++)
    {
        //创建 Button 控件
        Button btn=new Button();
        //设置 Button 控件的文本
        btn.Text="按钮"+i.ToString();
        //把 Button 控件加入到 PlaceHolder1 中显示出来
        PlaceHolder1.Controls.Add(btn);
    }
}

</script>
<html>
    <body>
        <form runat="server" ID="form1">
             
            <asp:PlaceHolder ID="PlaceHolder1" runat="server"></asp:PlaceHolder>
        </form>

    </body>
</html>
```

图 2-19 在 PlaceHolder 控件中加载服务器控件

2.6.8 CheckBox 控件

CheckBox Web 服务器控件为用户提供了一种在真/假、是/否或开/关选项之间切换的方法。CheckBox 控件和 RadioButton 控件的不同是它允许多选。

CheckBox 控件的常用属性及说明如表 2-6 所示。

表 2-6 CheckBox 控件的常用属性及说明

属性	说明
AutoPostBack	设置当用户选择不同的项目时，是否自动触发 OnCheckedChanged 事件
Checked	返回或设置该项目是否被选取
GroupName	按钮所属组
TextAlign	项目所显示的文字的对齐方式
Text	CheckBox 中所显示的内容

当 CheckBox 控件的选中状态发生变化时，会引发 CheckedChanged 事件。

【例 2-10】学习 CheckBox 控件的用法。运行结果如图 2-20 所示。（CheckBox.aspx）

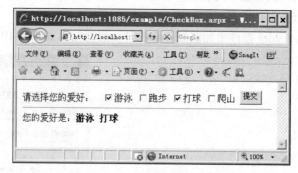

图 2-20 CheckBox 控件的用法

```
<Script Language="C#" runat="Server">
public void Sub_Click(Object src,EventArgs e)
{
    string msg="";
    if(CheckBox1.Checked)
      msg=msg+"游泳  ";
      if(CheckBox2.Checked)
        msg=msg+"跑步  ";
      if(CheckBox3.Checked)
        msg=msg+"打球  ";
      if(CheckBox4.Checked)
        msg=msg+"爬山  ";
        lblShow.Text="您的爱好是: <B>"+msg+"</B>";
}
</script>
<html>
<body>
<form runat="server" ID="form1">
请选择您的爱好: 
  <asp:CheckBox ID="CheckBox1" runat="server" Text="游泳" /> 
  <asp:CheckBox ID="CheckBox2" runat="server" Text="跑步" />
```

```
            <asp:CheckBox ID="CheckBox3" runat="server" Text="打球" /> 
            <asp:CheckBox ID="CheckBox4" runat="server" Text="爬山" />
            <asp:Button Text="提交" OnClick="Sub_Click" runat="server" ID="Button1"/>
<hr>
<asp:Label id="lblShow" runat="server" />
</form>
</body>
</html>
```

2.6.9　CheckBoxList 控件

当使用一组 CheckBox 控件时，在程序的判断上非常麻烦，因此 CheckBoxList 控件和 RadioButtonList 控件一样，可以方便地取得用户所选取的项目。

CheckBoxList 控件的常用属性及说明如表 2-7 所示。

表 2-7　CheckBoxList 控件的常用属性及说明

属性	说明
AutoPostBack	设置是否立即响应 OnSelectedIndexChanged 事件
CellPading	各项目之间的距离，单位是像素
Items	返回 CheckBoxList 控件中 ListItem 的对象
RepeatColumns	项目的横向字段数
RepeatDirection	设置 CheckBoxList 控件的排列方式是以水平排列（Horizontal）还是垂直（Vertical）排列
RepeatLayout	设置 CheckBoxList 控件的 ListItem 排列方式是使用 Table 来排列还是直接排列，预设是 Table
SelectedIndex	返回被选取的 ListItem 的 Index 值
SelectedItem	返回被选取的 ListItem 对象
SelectedItems	CheckBoxList 控件可以复选，被选取的项目会被加入 ListItems 集合中；该属性可以返回 ListItems 集合，只读
TextAlign	设置 CheckBoxList 控件中各项目所显示的文字是在按钮的左方还是右方，预设是 Right

CheckBoxList 控件的用法和 RadioButtonList 控件类似，不过 CheckBoxList 控件的项目可以复选。选择完毕后的结果可以利用 Items 集合进行检查，只要判断 Items 集合对象中哪一个项目的 Selected 属性为 True，就可以知道哪些选项被选中了。

【例 2-11】使用 CheckBoxList 控件进行多选，运行结果如图 2-21 所示。（CheckBoxList.aspx）

```
<Script Language="C#" runat="Server">
public void Sub_Click(Object src,
EventArgs e)
{
    string msg="";
    for(int i=0;i<chkList.Items.Count;i++)
    {
        if(chkList.Items[i].Selected)
        {
            msg=msg+chkList.Items[i].Text+
```

图 2-21　使用 CheckBoxList 控件进行多选

```
            "  ";
        }
    }
    lblShow.Text="您的爱好是: <B>"+msg+"</B>";
}
</script>
<html>
<body>
<form runat="server" ID="form1">
请选择您的爱好:
<asp:CheckBoxList id="chkList" RepeatColumns=2 RepeatDirection="Vertical" runat="server" >
    <asp:ListItem>游泳</asp:ListItem>
    <asp:ListItem>篮球</asp:ListItem>
    <asp:ListItem>跑步</asp:ListItem>
    <asp:ListItem>爬山</asp:ListItem>
</asp:CheckBoxList>
<asp:Button Text="提交" OnClick="Sub_Click" runat="server" ID="Button1"/>
<hr>
<asp:Label id="lblShow" runat="server" />
</form>
</body>
</html>
```

习　题

1. 说明 TextBox 控件下列属性的含义：Columns、MaxLength、ReadOnly、TextMode。

2. 说明 DropDownList 控件下列属性的含义：Items、Rows、SelectedIndex、SelectedItem、SelectedValue。

3. 如何使多个 RadioButton 控件具有互斥效果？

4. PlaceHolder 控件和 Panel 控件有什么不同？

5. 上机调试本章例题。

6. 上机完成注册页面的设计。

第 3 章　注册页面的验证

在收集用户信息时，用户的行为是无法预测的，如果读入错误的数据，那么处理的结果也不可能正确，因此要保证用户的输入是合法的，必须进行数据的验证。数据验证限制用户输入，确保用户所输入的数据是一个有效值，而不会造成垃圾数据。用编写代码的方法实现数据的验证是比较繁杂的工作，ASP.NET 提供了几个数据验证控件，通过简单的设置就可以完成数据的验证。

本章目标

- ☑ 掌握 RequiredFieldValidator 控件的使用方法
- ☑ 掌握 CompareValidator 控件的使用方法
- ☑ 掌握 RangeValidator 控件的使用方法
- ☑ 掌握 RegularExpressionValidator 控件的使用方法
- ☑ 掌握 ValidationSummary 控件的使用方法

3.1　情景分析

用户注册时，要求确保用户输入的数据是正确的，或者强迫用户一定要输入数据，输入的数据不符合要求时要给出提示。例如，注册页面中要求用户名、登录密码、确认密码、密码查询答案不能为空，登录密码与确认密码应该是一样的，E-mail 格式要符合规范。通过在界面上验证用户输入信息的合法性，从而可以保证系统的正常运行。注册页面的验证效果如图 3-1 所示，输入数据后单击"提交"按钮，系统会进行验证，如果有错误，程序会给出错误提示，而"提交"按钮对应的代码也不会执行。

为了方便实现用户输入数据的验证，ASP.NET 提供了数据验证控件，数据验证控件可以帮助我们少写许多验证用户输入数据的程序。ASP.NET 所提供的数据验证控件如表 3-1 所示。

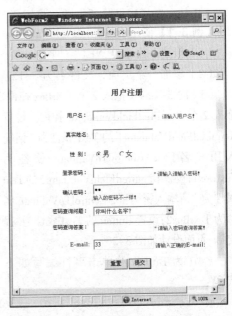

图 3-1　用户注册验证界面

表 3-1　数据验证控件

控件名称	说明
RequiredFieldValidator	验证用户是否已输入数据
CompareValidator	将用户输入的数据与另一个数据进行比较
CustomValidator	自定义的验证方式
RangeValidator	验证用户输入的数据是否在指定范围内
RegularExpressionValidator	以特定规则验证用户输入的数据
ValidationSummary	显示未通过验证的控件的信息

3.2　数据验证控件

3.2.1　RequiredFieldValidator 控件

RequiredFieldValidator 控件用于要求用户在提交表单前为表单字段输入值。RequiredFieldValidator 控件的属性如下：

- ControlToValidate：被验证的表单字段的 ID。
- Text：验证失败时显示的错误信息。
- InitialValue：表示输入控件的初始值。实际上 InitialValue 属性并不是设置输入控件的默认值，它仅指示不希望用户在输入控件中输入的值。当验证执行时，如果输入控件包含该值，则验证失败。
- Display：确定页面在验证控件显示其 Text 消息时应该如何处理它的布局。
- None：在验证控件的位置上不显示错误信息。
- Static：在页面布局中分配用于显示验证消息的空间。
- Dynamic：如果验证失败，将用于显示验证消息的空间动态添加到页面。

【例 3-1】使用 RequiredFieldValidator 控件来要求必须输入用户名与密码。

（1）新建一个 ASP.NET 空网站。

（2）添加一个页面，文件名为 3-1.aspx。

（3）向 3-1.aspx 拖入 2 个 TextBox 控件、1 个 Button 控件。从"工具箱"的"验证"栏向 3-1.aspx 拖入 2 个 RequiredFieldValidator 控件。设置 RequiredFieldValidator1 的 Text 属性为"请输入用户名！"，ControlToValidate 属性为 TextBox1；设置 RequiredFieldValidator2 的 Text 属性为"请输入密码！"，ControlToValidate 属性为 TextBox2；设置 Button 的 Text 属性为"提交"。页面设计如图 3-2 所示。

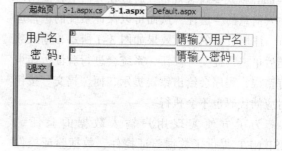

图 3-2　页面设计

（4）为 Button 的单击事件编写如下代码：

```
protected void Button1_Click(object sender, EventArgs e)
{
```

```
Response.Write("用户名为:" + TextBox1.Text + "   密码
    为:" + TextBox2.Text);
}
```

按【F5】键运行该文件,如果未输入用户名与密码就单击"提交"按钮,页面不会被提交,系统提示请输入相关信息,运行结果如图 3-3 所示。

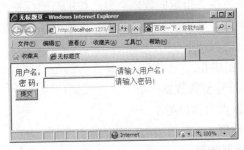

图 3-3　RequiredFieldValidator 控件使用

3.2.2　CompareValidator 控件

CompareValidator 控件可用于执行 3 种不同类型的验证任务:

(1) 执行数据类型检测。用它确定用户是否在表单字段中输入了类型正确的值,如在生日数据字段输入一个日期。

(2) 在输入表单字段的值和一个固定值之间进行比较。例如,要创建一个拍卖网站,可以用 CompareValidator 检查新的起价是否大于前面的起价。

(3) 比较一个表单字段的值与另一个表单字段的值。例如,可以使用 CompareValidator 控件检查输入的会议开始日期值是否小于输入的会议结束日期值。

CompareValidator 控件的主要属性如下:

- ControlToValidate:被验证的表单字段的 ID。
- Text:验证失败时显示的错误信息。
- ControlToCompare:指定要与所验证的输入控件进行比较的输入控件,如 TextBox 控件。如果由此属性指定的输入控件不是该页面上的控件,则引发异常。需要注意的是,不要同时设置 ControlToCompare 属性和 ValueToCompare 属性。如果同时设置了这两个属性,则 ControlToCompare 属性优先。
- Operator:允许指定要执行的比较类型,如大于和等于等。如果将 Operator 属性设置为 ValidationCompareOperator.DataTypeCheck,CompareValidator 控件将同时忽略 ControlToCompare 属性和 ValueToCompare 属性,而仅指示输入到输入控件中的值是否可以转换为 Type 属性所指定的数据类型。Operator 属性的值可以为下列值之一:
  - ➢ Equal:比较所验证的输入控件的值与其他控件或常量之间的值是否相等。
  - ➢ NotEqual:比较所验证的输入控件的值与其他控件或常量之间的值是否不等。
  - ➢ GreaterThan:比较所验证的输入控件的值是否大于其他控件或常量的值。
  - ➢ GreaterThanEqual:比较所验证的输入控件的值是否大于等于其他控件或常量的值。
  - ➢ LessThan:比较所验证的输入控件的值是否小于其他控件或常量的值。
  - ➢ LessThanEqual:比较所验证的输入控件中的值是否小于等于其他控件或常量的值。

➢ DataTypeCheck：输入到所验证的输入控件的值与指定的数据类型之间的数据类型比较。如果无法将该值转换为指定的数据类型，则验证失败。
- Type 属性：指定用于比较的数据类型。各种比较验证控件以不同的方式使用 Type 属性。例如，在 RangeValidator 控件中，在执行任何比较之前，所比较的所有值（上限、下限和输入控件的值）都转换为指定的数据类型。如果与验证控件关联的输入控件的值无法转换为指定的数据类型，则验证失败。验证控件的 IsValid 属性设置为 False。Type 属性的值可以为下列值之一：
    ➢ String：字符串数据类型。
    ➢ Integer：32 位有符号整数数据类型。
    ➢ Double：双精度浮点数数据类型。
    ➢ Date：日期数据类型。
    ➢ Currency：货币数据类型。
- ValueToCompare 属性：指定一个固定值，该值将与用户输入到所验证的输入控件中的值进行比较。

【例 3-2】用 CompareValidator 控件限制输入的年龄必须大于 18 岁，运行结果如图 3-4 和图 3-5 所示。

图 3-4 两次密码输入不一致

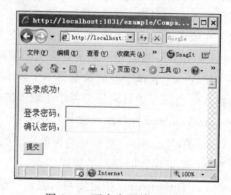

图 3-5 两次密码输入相同

（1）新建一个 ASP.NET 空网站。
（2）添加一个页面，文件名为 3-2.aspx。
（3）向 3-2.aspx 拖入 2 个 TextBox 控件、1 个 Button 控件。从"工具箱"的"验证"栏向 3-2.aspx 拖入 1 个 comparevalidator 控件。设置 comparevalidator 的 Text 属性为"输入的密码不一样！"，ControlToValidate 属性为 TextBox2，ControlToCompare 属性为 TextBox1；设置 Button 的 Text 属性为"提交"。页面设计如图 3-6 所示。

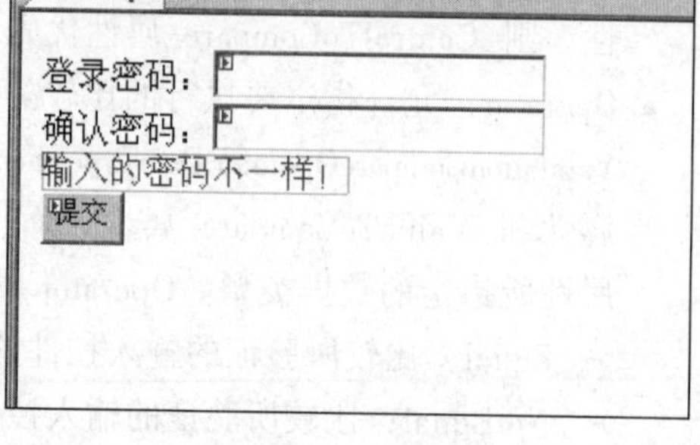

图 3-6 页面设计

（4）为 Button 的单击事件编写如下代码：
```
protected void Button1_Click(object sender, EventArgs e)
{
    if(Page.IsValid)
```

```
            Response.Write("登录成功!");
```
　　　}
　　按【F5】键运行该文件,如果两次密码输入不一致,如登录密码输入 123,确认密码输入 234,单击"提交"按钮,页面不会被提交,系统提示"输入的密码不一样!",如图 3-4 所示。如果登录密码与确认密码都输入 123,则验证通过,如图 3-5 所示。注意:如果其中一个编辑框没有输入内容,则 CompareValidator 控件不起作用。

3.2.3 RangeValidator 控件

　　RangeValidator 控件用于检测表单字段的值是否在指定的最小值和最大值之间。RangeValidator 控件的主要属性如下:
- ControlToValidate:被验证的表单字段的 ID。
- Text:验证失败时显示的错误信息。
- MinimumValue:验证范围的最小值。
- MaximumValue:验证范围的最大值。
- Type:指定用于比较的数据类型,默认值为 String。Type 属性的值可为下列值之一:
  - ➢ String:字符串数据类型。
  - ➢ Integer:32 位有符号整数数据类型。
  - ➢ Double:双精度浮点数数据类型。
  - ➢ Date:日期数据类型。
  - ➢ Currency:货币数据类型。

　　【例 3-3】用 RangeValidator 控件限制成绩必须在 0~100 之间,运行结果如图 3-7 所示。(RangeValidator.aspx)

图 3-7　RangeValidator 控件的使用

　　(1)新建一个 ASP.NET 空网站。
　　(2)添加一个页面,文件名为 3-3.aspx。
　　(3)向 3-3.aspx 拖入 1 个 TextBox 控件、1 个 Button 控件。从"工具箱"的"验证"选项卡向 3-3.aspx 拖入 1 个 RangeValidator 控件。设置 Button 的 Text 属性为"提交"。
　　设置 RangeValidator 的属性如下:
　　Text:输入的密码不一样!
```
ControlToValidate: TextBox1
```

```
Type: Integer
MinimumValue: 0
MaximumValue: 100
```
页面设计如图 3-8 所示。

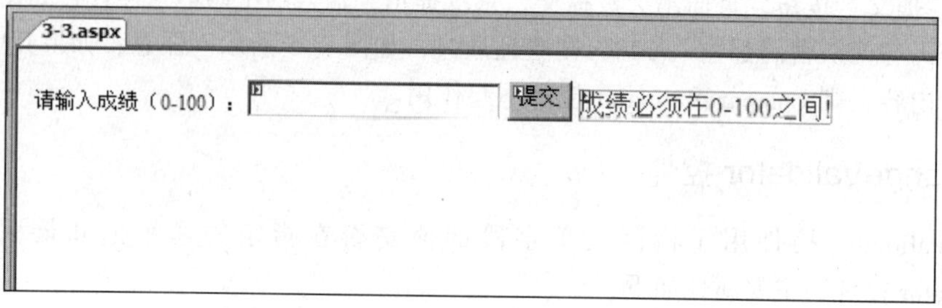

图 3-8　页面设计

（4）为 Button 的单击事件编写如下代码：
```
protected void Button1_Click(object sender, EventArgs e)
{
    if(Page.IsValid)
    {
    Response.Write("验证通过");
    }
}
```

> **提　示**
>
> 假如输入的不是一个数字，也会显示验证错误。如果输入到表单字段的值不能转换成 RangeValidator 控件的 Type 属性所表示的数据类型，就会显示错误信息。
>
> 假如不输入任何值就提交表单，则不会显示错误信息。如果要求用户必须输入一个值，就需要用一个 RequiredFieldValidator 控件来验证成绩对应的编辑框。

3.2.4　RegularExpressionValidator 控件

RegularExpressionValidator 控件用于确定输入控件的值是否与某个正则表达式所定义的模式相匹配。

正则表达式是一种文本模式，包括普通字符（例如，a～z 之间的字母）和特殊字符。使用正则表达式可以进行简单和复杂的类型匹配。表 3-2 所示为常用的正则表达式符号。

表 3-2　常用的正则表达式符号

字　符	定　义
a	表示是一个字母 a
1	表示是一个数字 1
?	零次或一次匹配前面的字符或子表达式
*	零次或多次匹配前面的字符或子表达式
+	一次或多次匹配前面的字符或子表达式
^	不等于某个字符或子表达式

续表

字　　符	定　　义
[0-n]或[a-z]	表示某个范围内的数字或字母
{n}	表示长度是 N 的有效的字符串
|	或的意思，分隔多个有效的模式
\	后面是一个命令字符
\w	匹配任何单词字符
\d	匹配任何数字字符
\.	匹配点字符

下面是几个正则表达式的例子：

- \d{6}：表示 6 个数字，如邮政编码。
- [0-9]：表示 0~9 十个数字。
- \d*：表示任意个数字。
- \d{3,4}-\d{7,8}：表示固定电话号码。
- \d{2}-\d{5}：表示两位数字、一个连字符串再加 5 位数字。
- [0-9]{2,5}：表示只可输入数字，至少两位数，至多五位数。

【例 3-4】用 RegularExpressionValidator 控件验证输入，运行结果如图 3-9 和图 3-10 所示。

图 3-9　输入未能通过验证 　　　　图 3-10　通过验证

（1）新建一个 ASP.NET 空网站。

（2）添加一个页面，文件名为 3-4.aspx。

（3）向 3-4.aspx 拖入控件，页面设计如图 3-11 所示。其中，每个编辑框后面拖放一个 RegularExpressionValidator 控件。4 个 RegularExpressionValidator 控件的属性设置如表 3-3 所示。

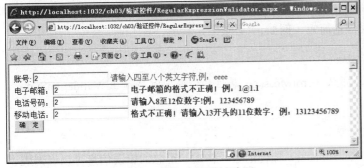

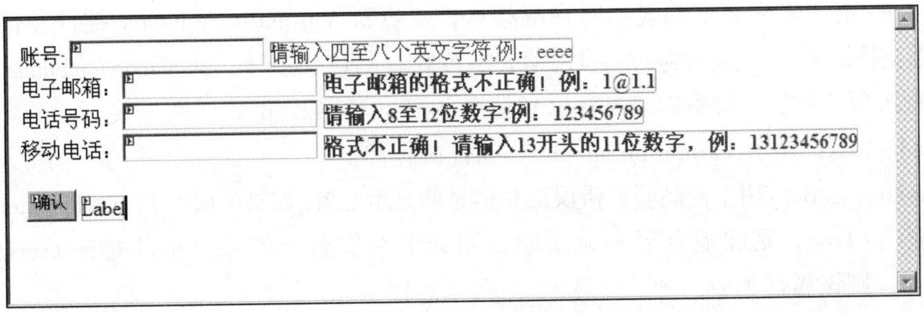

图 3-11　页面设计

表 3-3 RegularExpressionValidator 控件的属性设置

验证控件 属性	验证控件 1	验证控件 2	验证控件 3	验证控件 4
ControlToValidate	TextBox1	TextBox2	TextBox3	TextBox4
ErrorMessage	请输入四至八个英文字符，例：eeee	电子邮箱的格式不正确！例：1@1.1	请输入 8 至 12 位数字！例：123456789	格式不正确！请输入 13 开头的 11 位数字，例：13123456789
ValidationExpression	[a-zA-Z]{4,8}	\w+([- +.]\w+)*@\w+([-.]\w+)*\.\w+([-.]\w+)*	\d{8,12}	13\d{9}

（4）为 Button 的单击事件编写如下代码：

```
if(Page.IsValid)
{
    Label1.Text="通过验证";
}
```

3.2.5 ValidationSummary 控件

ValidationSummary 控件用于在页面中的一个地方显示所有验证错误的列表。每个验证控件都有 ErrorMessage 属性，ErrorMessage 属性和 Text 属性的不同之处在于，赋值给 ErrorMessage 属性的信息显示在 ValidationSummary 控件中，而赋值给 Text 属性的信息显示在页面主体中。通常，需要保持 Text 属性的错误信息简短（例如，"必填！"）。

> **提示**
>
> 如果不为 Text 属性赋值，那么 ErrorMessage 属性的值会同时显示在 ValidationSummary 控件和页面主体中。

ValidationSummary 控件的属性如下：

- DisplayMode：指定 ValidationSummary 控件的显示格式。汇总的错误信息可以以列表、项目符号列表或单个段落的形式进行显示。DisplayMode 属性的值可为下列值之一：
  - ➢ BulletList：以项目符号列表的形式显示错误汇总信息。
  - ➢ List：以列表形式显示错误汇总信息。
  - ➢ SingleParagraph：以段落形式显示错误汇总信息。
- EnableClientScript：指定 ValidationSummary 控件是否使用客户端脚本更新自身。当设置为 True 时，将在客户端显示客户端脚本，以更新 ValidationSummary 控件，但前提是浏览器支持该功能。当设置为 False 时，客户端将不显示客户端脚本，且 ValidationSummary 控件仅在每次服务器往返时更新自身。这种情况下 ShowMessageBox 属性无效。
- HeaderText：显示 ValidationSummary 控件的标题。
- ShowMessageBox：用于控制验证错误汇总信息的显示位置。如果该属性和 EnableClientScript 都设置为 True，则在消息框中显示验证错误汇总信息。如果 EnableClientScript 设置为 False，则该属性无效。
- ShowSummary：用于控制验证错误汇总信息的显示位置。如果该属性设置为 True，则在 Web

页上显示验证错误汇总信息。如果 ShowMessageBox 和 ShowSummary 属性都设置为 True，则在消息框和 Web 页上都显示验证错误汇总信息。

【例 3-5】用 ValidationSummary 控件显示验证的汇总信息，运行结果如图 3-12 所示。（ValidationSummary.aspx）

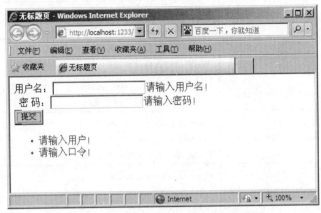

图 3-12　ValidationSummary 控件的使用

（1）在 3-1.aspx 的基础上，设置 RequiredFieldValidator1 与 RequiredFieldValidator2 两个验证控件的 ErrorMessage 分别为"请输入用户！"和"请输入密码！"。

（2）从"工具箱"的"验证"栏向 3-1.aspx 拖入 1 个 ValidationSummary 控件。页面设计如图 3-13 所示。

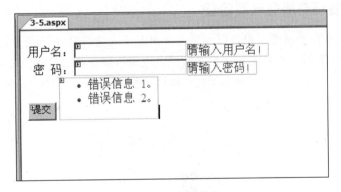

图 3-13　页面设计

3.3　注册页面的验证实现

为注册页面添加验证的步骤如下：

（1）打开的第 2 章注册页面设计中创建的 register1 站点。

（2）打开页面 Register.aspx，在用户名、登录密码、确认密码和密码查询答案控件后面添加"*"，并设置颜色为红色，以提示注册时必须输入。

（3）添加验证控件并进行设置，如表 3-4 所示。

表 3-4　控件属性及说明

控件名	控件类型	控件属性	说明
RequireUserName	requiredfieldvalidator	ControlToValidate：txtName Text：请输入用户名！	用户名不能为空
RequirePwd1	requiredfieldvalidator	ControlToValidate：txtPwd1 Text：请输入密码！	密码不能为空
RequirePwd2	requiredfieldvalidator	ControlToValidate：txtPwd2 Text：请输入确认密码！	确认密码不能为空
RequireAnswer	requiredfieldvalidator	ControlToValidate：txtAnswer Text：请输入密码查询答案！	密码查询答案不能为空
ComparePwd	comparevalidator	ControlToValidate：txtPwd2 ControlToCompare：txtPwd1 Text：输入的密码不一样！	两次输入密码一致
RegularEmail	regularexpressionvalidator	ControlToValidate: txtEmail ValidationExpression： \w+([-+.]\w+)*@\w+([-.]\w+)*\.\w+([-.]\w+)* Text：请输入正确的 E-mail！	E-mail 的基本格式正确

（4）运行程序，测试验证控件的作用。

3.4　知识拓展

3.4.1　客户端验证与服务器端验证

验证可以发生在服务器端，也可以发生在客户端（浏览器），但在客户端会被黑客绕开数据验证，而 ASP.NET 验证控件支持客户端验证，也运行服务器端验证。如果知道客户端使用 JavaScript，则客户端验证是额外的便利措施。如果一些客户端没有启用 JavaScript 仍然可以打开 EnableClientScript，则它将被浏览器忽略。验证过程如图 3-14 所示。

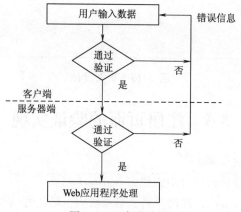

图 3-14　验证过程

1. 客户端验证

在提交 Web 窗口中的数据到服务器端前就发现客户端的错误，从而避免服务器端验证所必需的请求与响应往返过程。

如果在客户端执行验证，则在 ControlToValidate 丢失焦点时进行验证。需要注意的是，一般在单击 Submit 按钮之前进行该操作。如果验证失败，则不会发送任何内容给服务器，但验证控件将仍然通过使用 JavaScript 显示关于失败的 Text 消息。

  2．服务器端验证

当 Web 页被返回到服务器时，服务器端重复执行客户端验证，防止用户绕过客户端脚本。如果页面通过验证，则页面继续执行其他任务。如果失败，则将 Page.IsValid 设置为 False。然后，页面执行脚本，如果程序员检查 Page.IsValid 状态，则可以停止这些操作。页面上的数据控件将不会执行任何写入任务。最后，使用验证错误消息重新构建页面，并且以回送来响应。

3.4.2 验证组

ASP.NET 2.0 Framework 引入了验证组（Validation Group）的概念。一个组中的所有输入控件及该组的按钮应该有相同的 ValidationGroup 属性。当单击该按钮时，它在相应组的所有验证控件中激活一个验证。因为把表单字段组合到了不同的验证组，所以可以互不干涉地提交两个表单。

3.4.3 禁用验证

所有的按钮控件（Button 控件、LinkButton 控件和 ImageButton 控件）都有 CauseValidation 属性。有时不需要进行验证（例如，单击按钮跳转页面），即可将不引起验证的控件的 CauseValidation 属性设置为 False。如果给该属性赋值 False，单击此按钮就会绕过页面中所有的验证。

习　题

1. 简述 RequiredFieldValidator 控件。
2. 简述 CompareValidator 控件。
3. 简述 RangeValidator 控件。
4. 简述 RegularExpressionValidator 控件。
5. 如何使控件提交时不会触发验证？
6. 解释验证规则：

[A-Za-z0-9_\-\.]{3,}

[a-z A-Z]{4}

[a-z A-Z]{4,6}

[a-zA-Z]{4,}

7. 什么情况下需要进行分组验证，如何对控件进行分组？
8. 当页面上显示的验证错误信息很多时，如何将其集中显示在一个信息框中？
9. 上机调试本章例题。
10. 上机完成注册页面的验证。

第 4 章 注册页面的数据库操作

信息系统的数据一般保存在数据库中，因此与数据库的交互是信息系统的一项基本功能。ASP.NET 中的 ADO.NET 组件提供了对数据库进行操作的功能。本章主要介绍连接数据库的方法以及对数据库的增加、删除和修改操作。

本章目标	☑ 理解 ADO.NET 对象模型 ☑ 掌握 SqlConnection 对象的使用方法 ☑ 掌握 Command 对象的使用方法

4.1 情景分析

在前面的注册页面中已经可以读取用户的注册信息，也可以对注册信息的合法性进行验证，但是信息还不能保存，而我们需要注册信息持久地保存，在用户以后登录时可以不用重新输入注册信息。为了实现注册信息持久保存，需要把信息写入到数据库中。

在 ASP.NET 中，对数据库的操作可以通过 ADO.NET 组件。ADO.NET 是 NET Framework 用于数据访问的组件，它可以让用户快速简单地存/取各种数据。ASP.NET 通过 ADO.NET 操作数据库的流程如图 4-1 所示。

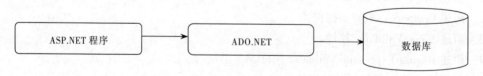

图 4-1 ASP.NET 通过 ADO.NET 操作数据库

ADO.NET 的一个优点是可以以离线方式操作数据库。传统的主从式应用程序在执行时都会保持和数据源的联机。ADO.NET 被设计成可以对断开的数据集进行操作，应用程序只有在要取得数据或更新数据时才对数据源进行联机，因此可以减少应用程序对服务器资源的占用，提高应用程序的效率。

4.2 ADO.NET 对象模型

4.2.1 ADO.NET 概述

ADO.NET 在.NET 中为存/取任何类型的数据提供了一个统一的框架，ADO.NET 对象大体可分成两大类：一类是与数据库直接连接的联机对象，其中包含了 Command 对象、DataReader 对象以及 DataAdapter 对象等，通过这些类对象，可以在应用程序里完成连接数据源以及数据维护等相关操作。另一类则是与数据源无关的断线对象，例如，DataSet 对象以及 DataRelation 对象等。

其中，DataSet 对象是 ADO.NET 的核心对象。可以把 DataSet 看作内存中的数据库，用户可以利用 DataSet 取得数据源里所需的原始数据，一次返回给前端用户。前端用户在处理变动数据的过程中并不需要保持与数据库的连接，当对所有数据完成变动操作之后，则再一次通过连接对象将数据返回更新到数据库，由于不需要时常保持与数据库的连接，因此能够大大降低所消耗的系统资源。

4.2.2 .NET Framework 数据提供程序

.NET Framework 数据提供程序用于连接数据库、执行命令和检索结果，它有下面几种数据提供程序：

- SQL Server.NET Framework 数据提供程序。
- OLEDB.NET Framework 数据提供程序。
- ODBC.NET Framework 数据提供程序，主要用于访问 ODBC 数据源，通过 ODBC 与数据源进行通信，其数据提供程序类位于 System.Data.Odbc 命名空间中。
- Oracle.NET Framework 数据提供程序，主要用于访问 Oracle 数据源，通过 Oracle 客户端与数据源进行通信，其数据提供程序类位于 System.Data.OracleClient 命名空间中。

.NET Framework 数据提供程序提供了 4 个核心对象，分别为 Connection 对象、Command 对象、DataReader 对象和 DataAdapter 对象。其中，Connection 对象用于连接和管理数据库事务，Command 对象用于向数据库提供者发出命令，DataReader 对象用于直接读取流数据，DataSet 对象和 DataAdapter 对象用于对缓存中的数据进行存储和操作。

4.3 Connection 对象

Connection 对象主要是连接程序和数据库的"桥梁"，要存/取数据源中的数据，首先要建立程序和数据源之间的连接。

对应不同的 Provider 类型，常用的 Connection 对象有两种：一种是用于 Microsoft SQL Server 数据库的 SqlConnection；另一种是对于其他类型可以用 OLEDB.NET provider 的 OleDbConnection。

SQL Server Provider 提供的连接对象是 SqlConnection，其连接字符串是以"键/值"对的形式组合而成的。连接字符串的常用属性及说明如表 4-1 所示。

表 4-1 SqlConnection 连接字符串的常用属性及说明

属性	说明
Data Source Server	设置要连接的 SQL Server 服务器名称或 IP 地址
Database Initial Catalog	要连接的数据库

续表

属　　性	说　　明
Integrated Security	指定是否使用信任连接
Trusted_Connection	
User ID	登录数据库的账号
Password	登录数据库的密码
Connection Timeout	连接超时时间

与 SQL Server 数据库的安全验证方式相对应，创建 SqlConnection 对象有两种类型：

1. 混合模式的连接

SQL Server 数据库混合模式可以由用户自己输入登录名与密码来连接到数据库，可以用如下方式创建 SqlConnection 对象：

```
string connStr="server=(local);uid=sa;pwd=;database=BookShop";
SqlConnection conn=new SqlConnection(connStr);
```

连接字符串为"server=(local);uid=sa;pwd=; database=BookShop"，其含义是连接到本机 SQL Server 数据库服务器中的 BookShop 数据库，使用的登录名为 sa，密码为空。需要注意的是，其中 uid、pwd 分别为 User ID、Password 的简写。

用这种方式创建 SqlConnection 对象需要注意以下几点：

- 确保 SQL Server 数据库设置为混合模式。设置方式为：

在企业管理器中右击"服务器"图标，单击"属性"图标，在"SQL Server 属性（配置）"对话框中切换到"安全性"选项卡，选中"身份验证"选项组中的"SQL Server 和 Windows"单选按钮，如图 4-2 所示。

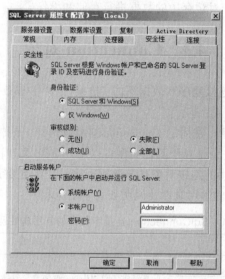

图 4-2　选中"SQL Server 与 Windows"单选按钮

- 单击"确定"按钮，弹出如图 4-3 所示的对话框，单击"是"按钮重新启动服务器。
- 设置要连接的 SQL Server 服务器名称或 IP 地址，有时一台计算机可以安装不止一个 SQL Server 服务器，这时需要以完整的计算机名\SQL Server 服务器名来表示，可以从 SQL

Server 服务管理器中看到完整的名字，如图 4-4 所示。

图 4-3 单击"是"按钮重新启动服务器　　　　图 4-4 查看完整的计算机名

提　示

此处利用了 SQL Server 默认的登录名 sa 与密码，由于 sa 为系统的超级用户，具有最高存/取权限，为避免可能的破坏与提高系统的安全性，最好另建登录名，至少要为 sa 定义密码。

2. 使用 Windows 验证方式

以 Windows 验证方式登录 SQL Server 数据库的 SqlConnection 对象可以用如下方式创建：

```
string connectionString="server=(local);database=BookShop;trusted_conn
    ection=true";
SqlConnection conn=new SqlConnection(connectionString);
```

该语句以信任方式连接到 SQL Server，由于采用 Windows 验证，因此无须给出登录名与密码。

由于 ASP.NET 的 Web 应用访问的身份是 ASP.NET，因此采用这种方式时还必须在 SQL Server 数据库中添加一个 ASP.NET 的 Windows 登录账号，并且授以一定的访问权限。操作步骤如下：

（1）在企业管理器中展开左边的目录树至"登录"，如图 4-5 所示。

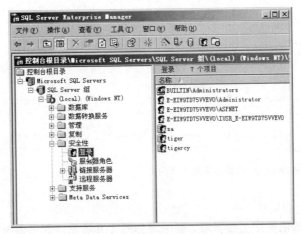

图 4-5　展开左边的目录树至"登录"

（2）右击"登录"选项，在弹出的快捷菜单中选择"新建登录"命令。在弹出的新建登录对话框中单击名称栏对应的■按钮,弹出如图 4-6 所示的对话框,选择 ASP.NET 账号后单击"确定"按钮,结果如图 4-7 所示。

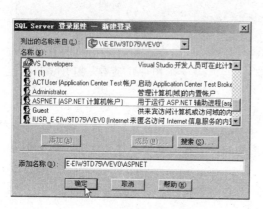
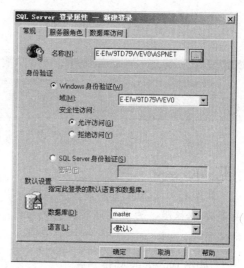

图 4-6 "新建登录"对话框　　　　图 4-7 添加一个 ASP.NET 登录账号

（3）为了使 ASP.NET 能对 Pubs 数据库进行更多的操作,还要给 ASP.NET 授权。切换到"数据库访问"选项卡,如果访问 Pubs 数据库,则选中 Pubs 复选框,接着在下方的列表框中选中 db_owner 复选框,如图 4-8 所示。这样 ASP.NET 对 Pubs 数据库就有了任意的权限,ASP.NET 网页程序才有对 Pubs 数据库进行任意操作的权限。

【例 4-1】学习 SqlConnection 对象的创建与使用方法。运行该程序,如果成功,则页面输出"连接成功!"。(connect.aspx)

```
…
using System.Data;
using System.Data.SqlClient;

public partial class connect : System.Web.UI.Page
{
    protected void Page_Load(object sender, EventArgs e)
    {
        string connStr = "server=(local);integrated security=true;database=
            BookShop";
        SqlConnection conn = new SqlConnection(connStr);
        conn.Open();
        Response.Write("连接成功! ");
    }
}
```

运行该程序,如果能连接上数据库,则结果如图 4-9 所示。如果由于某种原因,如数据库名写错,写成了 Bookshop2,导致连接失败,则出现如图 4-10 所示的错误提示。

第 4 章　注册页面的数据库操作

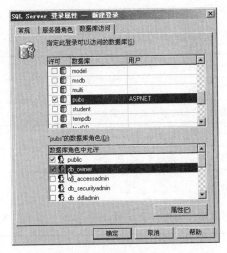

图 4-8　给 ASP.NET 授权

图 4-9　连接成功

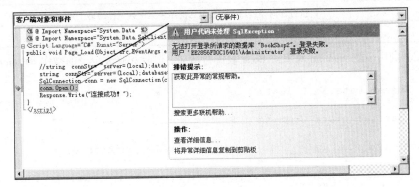

图 4-10　连接失败

> **提 示**
>
> 　　如果使用了 SQL Server Provider 提供的对象，如 SqlConnection、SqlCommand 和 SqlDataReader 等，则一定要引入命名空间 System.Data.SqlClient。
>
> 可用如下语句在网页文件.aspx 中引入命名空间：
>
> `<% @ Import Namespace="System.Data.SqlClient" %>`
>
> 用如下语句在.cs 代码文件中引入命名空间：
>
> `using System.Data.SqlClient;`

4.4　Command 对象

　　使用 Connection 对象与数据源建立连接后，可使用 Command 对象对数据源执行查询、添加、删除和修改等各种操作，操作实现的方法可以使用 SQL 语句，也可以使用存储过程。根据所用的.Net Framework 数据提供程序的不同，Command 对象也可以分成 4 种，分别是 SqlCommand、OleDbCommand、OdbcCommand 和 OracleCommand。在实际的编程过程中应根据访问的数据源不同，选择相应的 Command 对象。

Command 对象常用的属性及说明如表 4-2 所示。

表 4-2 Command 对象常用的属性及说明

属　　性	说　　明
CommandType	Command 对象要执行命令的类型
CommandText	对数据源执行的 SQL 语句或存储过程名或者表名
CommandTimeOut	终止对执行命令的尝试并生成错误之前的等待时间
Connection	此 Command 对象使用的 Connection 对象的名称

Command 对象常用的方法及说明如表 4-3 所示。

表 4-3 Command 对象常用的方法及说明

方　　法	说　　明
ExecuteNonQuery	执行 SQL 语句并返回受影响的行数
ExecuteScalar	执行查询并返回查询所返回的结果集中第 1 行的第 1 列
ExecuteReader	执行返回数据集的 SELECT 语句

【例 4-2】利用 SqlCommand 对象对 Book 表进行增加、删除和修改记录的操作。(Command.aspx)

```
…
using System.Data.SqlClient;

public partial class Command : System.Web.UI.Page
{
    protected void Page_Load(object sender, EventArgs e)
    {
        string connStr="server=(local);integrated security=true;database=
            BookShop";                                    //数据库连接字符串
        SqlConnection conn = new SqlConnection(connStr);  //创建连接对象
        conn.Open();                                      //打开连接
                  //创建Command对象，把书名为'ASP教程'的作者改为'李白'
        SqlCommand cmd=new SqlCommand(" update book set author='李白' where
            bookName='ASP教程'", conn);
        cmd.ExecuteNonQuery();                            //执行命令
        cmd.CommandText=" delete book where bookName='Java 宝典'";
                         //设置Command的命令，删除书名为"Java 宝典"的图书
        cmd.ExecuteNonQuery();
        string sql = " insert into book( ISBN,bookName ,bookImage,categoryID,
            Author,Price,Description) values('222','数据库教程','',1,'杨玲',20,'
            关于数据库的书')";
        cmd.CommandText=sql;       //设置Command的命令为向Book表插入一条记录
        cmd.ExecuteNonQuery();
        conn.Close();              //关闭连接
    }
}
```

运行程序，查看数据库中的 Book 表，可以看到完成了对 Book 表的增加、删除、修改操作。

上面例子中的 SQL 命令是直接给出的，在应用程序中 SQL 命令往往不是直接给出，而是根据用户的输入与操作动态生成。对于命令动态变化的情况，可以动态组合出命令字符串执行，也可以利用 Command 对象的命令参数。

【例 4-3】 要求根据用户输入的书名删除相应的图书，如图 4-11 所示。(CommandDelete.aspx)

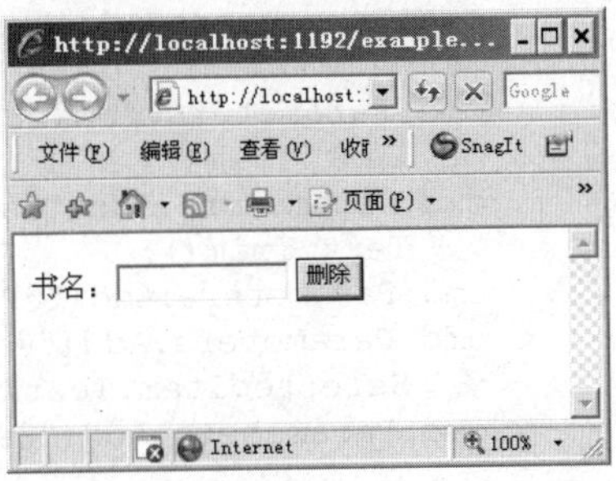

```
...
using System.Data;
using System.Data.SqlClient;

public partial class CommandDelete : System.Web.UI.Page
{
    protected void Button_Click(object sender, EventArgs e)
    {
        string connStr="server=(local);integrated security=true;database=
            BookShop";
        SqlConnection conn=new SqlConnection(connStr);
        //创建 Command，SQL 语句中有一个参数@bookName
        SqlCommand cmd=new SqlCommand("delete book where bookName= @bookName",
            conn);
        //把@bookName 参数加入到 Parameters，并给参数赋值
        cmd.Parameters.Add("@bookName", SqlDbType.VarChar).Value = TextBox1.
            Text;
        conn.Open();
        cmd.ExecuteNonQuery();
        conn.Close();
    }
}
```

图 4-11　根据用户输入的书名删除相应的图书

4.5　注册页面的实现

把用户输入的注册信息写入到数据库的操作步骤如下：

（1）在 Visual Studio.NET 中打开第 3 章完成输入验证之后的 register1 站点。

（2）为"提交"按钮的单击事件编写如下代码：

```
if(Page.IsValid)
{
    string strConn="server=.;database=bookshop;uid=sa;pwd=";
    SqlConnection conn=new SqlConnection(strConn);
    string userName=txtName.Text.Trim();
    //判断输入的用户名是否存在
    string sql="select count(*) from Users where userName='"+userName+"'";
    conn.Open();
    SqlCommand cmd=new SqlCommand(sql, conn);
    int n=(int)cmd.ExecuteScalar();
    if(n>0)
    {
        Response.Write("<script>alert('用户名已存在！')</script> ");
        return;
    }

    //构建加入注册记录的 SQL 语句
    cmd.CommandText="INSERT INTO "+"Users(userName,trueName,sex,PWD,question,
        answer,email)"+" values(@userName,@trueName,@sex,@PWD,@question,
        @answe r,@email)";
    //为 Command 对象加入参数并赋值
```

```
cmd.Parameters.Add("@userName", SqlDbType.VarChar).Value=txtName.Text.
    Trim();
cmd.Parameters.Add("@trueName", SqlDbType.VarChar).Value=txtRealName.
    Text.Trim();
cmd.Parameters.Add("@sex", SqlDbType.VarChar).Value=lstSex.SelectedItem.
    Text.Trim();
cmd.Parameters.Add("@PWD", SqlDbType.VarChar).Value=txtPwd1.Text.Trim();
cmd.Parameters.Add("@question", SqlDbType.VarChar).Value=lstQuestion.
    SelectedItem.Text;
cmd.Parameters.Add("@answer", SqlDbType.VarChar).Value=txtAnswer.Text.
    Trim();
cmd.Parameters.Add("@email",SqlDbType.VarChar).Value=txtEmail.Text.
    Trim();
//加入注册记录
cmd.ExecuteNonQuery();
conn.Close();
Response.Write("<script>alert('注册成功！')</script> ");
}
```

（3）按【F5】键运行程序，在页面上输入信息，如图 4-12 所示，单击"提交"按钮，运行完成后到 SQL Server 数据库中查看，可以在 Users 表中看到多了一条用户 dave 对应的记录。

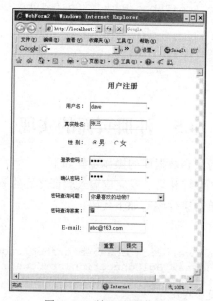

图 4-12 输入注册信息

习　题

1. ADO.NET 的主要组件是什么？
2. 编写一个程序，并连接到 SQL Server 的 northwind 数据库，服务器名为 TEACHER6\STU，登录名为 wjh，密码为 1。
3. 使用 SqlConnection 建立与 SQL Server 数据库的连接有哪两种方式？
4. 使用带参数的 Command 对象有什么好处？
5. 上机调试本章例题。
6. 上机完成注册页面的验证。

第 5 章 图书显示

离线处理是 ADO.NET 组件的一个优势，它可以把数据从数据库中取出来，放在 DataSet 对象的 DataTable 对象中，DataSet 对象相当于内存数据库，而 DataTable 对象相当于内存表，DataSet 对象与数据库的交互，包括查询、增加、删除、修改都通过 DataAdapter 对象来实现。本章将介绍 DataSet 对象、DataAdapter 对象与 DataTable 对象的使用方法。

本章目标	☑ 掌握 DataSet 对象的使用方法 ☑ 掌握 DataAdapter 对象的使用方法 ☑ 掌握 DataTable 对象的使用方法

5.1 情景分析

在信息系统开发中经常会遇到需要从数据库中取多条数据记录进行处理的情况，例如，显示多条记录。如图 5-1 所示，在页面中把网上书店数据库图书表中的信息显示出来。

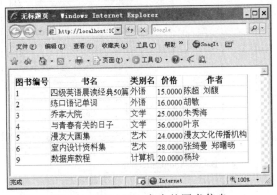

图 5-1 显示网上书店的图书信息

在 ADO.NET 中可以利用 DataSet 对象、DataTable 对象、DataAdapter 对象来实现数据的批量显示。

5.2 DataSet 对象

DataSet 是 ADO.NET 的中心概念，可以把 DataSet 当成内存中的数据库，DataSet 可以用来存储从数据库查询到的数据结果。DataSet 是不依赖于数据库的独立数据集合。所谓独立，是指即使断开了数据连接或者关闭数据库，DataSet 依然是可用的。由于它在获得数据或更新数据后立即与数据库断开，因此程序员能用它高效地同数据库进行交互。

DataSet 是一个完整的数据集，它由许多数据表、数据表联系（Relation）、约束（Constraint）、记录（Row）以及字段（Column）对象的集合组成。在 DataSet 内部主要可以存储 5 种对象，如表 5-1 所示。

表 5-1　DataSet 内部的对象

对　　象	功　　能
DataTable	使用行、列形式来组织的一个矩型数据集
DataColumn	一个规则的集合，描述决定将什么数据存储到一个 DataRow 中
DataRow	由单行数据库数据构成的一个数据集合，该对象是实际的数据存储
Constraint	决定能进入 DataTable 的数据
DataRelation	描述不同的 DataTable 之间如何关联

DataSet、DataTable 的结构如图 5-2 所示。

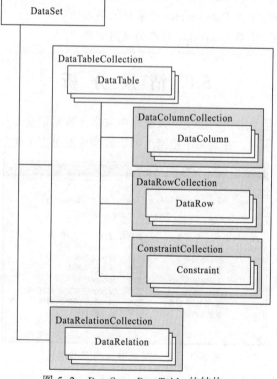

图 5-2　DataSet、DataTable 的结构

5.3　DataTable 对象

DataTable 是构成 DataSet 主要的对象，DataTable 对象由 DataColumns 集合以及 DataRows 集合组成，DataSet 的数据存放在 DataTable 对象中。DataTable 的对象模型如图 5-2 所示。DataTable 对象的常用属性如表 5-2 所示。

表 5-2　DataTable 对象的常用属性

属　　性	说　　明
CaseSensitive	表示执行字符串比较、查找以及过滤时是否区分大小写
Columns	DataTable 内的字段集合
Constraints	DataTable 的约束集合
DataSet	DataTable 对象所属 DataSet 的名称
DefaultView	DataTable 对象的视图，可用来排序、过滤及查找数据
PrimaryKey	字段在 DataTable 对象中的功能是否为主键
Rows	DataTable 内的记录集合
TableName	DataTable 的名称

DataTable 对象的常用方法如下：

- AcceptChanges：确定 DataTable 所做的改变。
- Clear：清除 DataTable 内所有的数据。
- NewRow：增加一笔新的记录。

DataColumn 对象是字段对象，是组成数据表 DataTable 的基本单位。DataColumn 的属性及说明如表 5-3 所示。

表 5-3　DataColumn 的属性及说明

属　　性	说　　明
AllowDBNull	DataColumn 是否接受 Null 值
AutoIncrement	当加入 DataRow 时，是否要自动增加字段值
AutoIncrementSeed	DataColumn 的递增种子
Caption	DataColumn 的标题
ColumnName	字段的名称
DataType	DataColumn 的数据类型
DefaultValue	DataColumn 的默认值
Ordinal	字段集合中 DataColumn 的顺序
ReadOnly	DataColumn 是否为只读
Table	返回 DataColumn 所属 DataTable 对象的引用
Unique	DataColumn 是否允许重复的数据

【例 5-1】下面的程序可动态生成内存表 DataTable，运行结果如图 5-3 所示。(CreateData Table.aspx)

```
…
using System.Data;
using System.Data.SqlClient;


public partial class CreateDataTable : System.Web.UI.Page
{
    protected void Page_Load(object sender,
```

图 5-3　动态生成内存表 DataTable

```
        EventArgs e)
        {
            DataTable table=new DataTable("Employees");
            table.Columns.Add("BookName");             //增加 BookName 列
            table.Columns.Add("Author");               //增加 Description 列
            DataRow row=table.NewRow();                //创建新行
            row["BookName"]="ASP.NET2.0程序设计案例教程";
            row["Author"]="翁健红";
            table.Rows.Add(row);                       //把行加入表中
            row=table.NewRow();
            row["BookName"]="数据库原理";
            row["Author"]="张三";
            table.Rows.Add(row);
            gv.DataSource=table;                       //绑定显示
            gv.DataBind();
        }
}
```

程序说明：

DataTable 对象的 NewRow()方法可以产生一个行 DataRow，该行的结构与 DataTable 对象的行结构相同，如下语句可创建有 Index、BookName、Description 3 个字段的一行：

```
DataRow row=table.NewRow();
```

NewRow()方法虽然创建了一行 DataRow，但该 DataRow 并不是 DataTable 的一部分，还需要把 DataRow 加入到 DataTable 中，语句如下：

```
table.Rows.Add(row);
```

5.4 DataAdapter 对象

在前面的例子中，数据的修改并没有写到数据库中。由于 DataSet 对象本身不具备和数据源沟通的能力，要修改数据并更新回数据源，需要借助 DataAdapter 对象。

DataAdapter 提供的是对于数据集的填充和对更新的回传任务，对 DataSet 来说，DataAdapter 像一个搬运工，它把数据从数据库"搬运"到 DataSet 中，DataSet 中的数据有了改动的时候，又可以把这些改动"反映"给数据库。

一般用以下方式创建 DataAdapter：

```
SqlDataAdapter da=new SqlDataAdapter(selectSQL,Connection);
```

其中，selectSQL 为返回数据集的 Select 语句，Connection 用于指定所用的连接。

DataAdapter 对象的常用属性及说明如表 5-4 所示。

表 5-4　DataAdapter 对象的常用属性及说明

属　　性	说　　明
DeleteCommand	删除记录的命令
InsertCommand	插入新记录的命令
SelectCommand	查询记录的命令
UpdateBatchSize	每次在服务器的往返过程中处理的行数
UpdateCommand	更新记录的命令

DataAdapter 对象的常用方法及说明如表 5-5 所示。

表 5-5 DataAdapter 对象的常用方法及说明

方法	说明
Dispose	删除该对象
Fill	将从数据源中读取的数据行填充至 DataSet 对象中
FillSchema	将一个 DataTable 加入到指定的 DataSet 中，并配置表的模式
GetFillParameters	返回一个用于 SELECT 命令的 DataParameter 对象组成的数组
Update	在 DataSet 对象中的数据有所改动后更新数据源

5.5 图书显示的实现

图书显示的实现步骤如下：

（1）新建一个 ASP.NET 空网站 BookInfo。

（2）从工具箱的"数据"栏中拖动 GridView 控件到 Default.aspx 页面上。

（3）双击 Default.aspx 页面切换到代码页面，在文件前面加入"using System.Data.SqlClient;"，然后为 Page_Load 事件添加如下代码：

```
string connStr="server=(local);uid=sa;pwd=;database=bookshop";
SqlConnection conn=new SqlConnection(connStr);
string sql="SELECT bookID AS 图书编号, bookName AS 书名, categoryName AS 类
    别名, price AS 价格,author AS 作者 FROM book,category where
    book.categoryID =category.categoryID";
SqlDataAdapter da=new SqlDataAdapter(sql,conn);
DataSet ds=new DataSet();              //创建数据集
da.Fill(ds);                           //填充数据到数据集
GridView1.DataSource=ds.Tables[0];     //把数据集中的内容绑定到GridView1控件上
GridView1.DataBind();
```

（4）按【F5】键运行程序，运行效果如图 5-1 所示。

提示

DataAdapter 使用的 Connection 对象并不需要先用 Open()方法打开。调用 DataAdapter 的 Fill()方法时，如果 Connection 没有打开，DataAdapter 会自动调用 Connection 的 Open()方法，DataAdapter 对数据源的操作完毕后，会自动将 Connection 关闭。如果在执行 Fill()方法时 Connection 已打开，在执行完毕后 DataAdapter 会维持 Connection 的打开状态。

5.6 知识拓展

5.6.1 DataReader 对象

1. DataReader 对象概述

在与数据库的交互中，DataReader 常用来检索大量的数据。DataReader 对象是以连接的方式工作的，它只允许以只读、顺向的方式查看其中所存储的数据，并在 ExecuteReader()方法执

行期间进行实例化。使用 DataReader 对象无论在系统开销方面还是在性能方面都很有效，它在任何时候只缓存一个记录，并且没有把整个结果集载入内存中的等待时间，从而避免了使用大量内存，大大提高了系统的性能。

2. DataReader 对象的属性及方法

DataReader 对象的常用属性及说明如表 5-6 所示。

表 5-6　DataReader 对象的常用属性及说明

属　　性	说　　明
Depth	设置阅读器嵌套深度。对于 SqlDataReader 类，它总是返回 0
FieldCount	获取当前行的列数
Item	索引器属性，以原始格式获得一列的值
IsClose	获得一个表明数据阅读器是否关闭的一个值
RecordsAffected	获取执行 SQL 语句所更改、添加或删除的行数

DataReader 对象的常用方法及说明如表 5-7 所示。

表 5-7　DataReader 对象的常用方法及说明

方　　法	说　　明
Read	使用 DataReader 对象前进到下一条记录（如果有）
Close	关闭 DataReader 对象。注意，关闭阅读器对象并不会自动关闭底层连接
Get	用来读取数据集当前行的某一列数据
NextResult	当读取批处理 SQL 语句的结果时，使数据读取器前进到下一个结果

> **注　意**
>
> 要使用 SqlDataReader，必须调用 SqlCommand 对象的 ExecuteReader()方法来创建，而不要直接使用构造函数。

3. 应用举例

【例 5-2】利用 DataReader 读取 Book 表中的书名与作者信息，并显示在页面上，运行结果如图 5-4 所示。（DataReader.aspx）

图 5-4　利用 DataReader 显示 Books 表中的记录

```
…
using System.Data;
using System.Data.SqlClient;

public partial class DataReader : System.Web.UI.Page
{
    protected void Page_Load(object sender, EventArgs e)
    {
        string connStr = "server=(local);
            integrated security=true;database=BookShop";
```

```
        SqlConnection conn = new SqlConnection(connStr);
        conn.Open();
        SqlCommand cmd = new SqlCommand("select bookname,author from Book",
            conn);
        SqlDataReader reader = cmd.ExecuteReader();
            //显示 SqlDataReader 对象中的所有数据
        while (reader.Read())
        {
            Response.Write(reader["bookname"] + "    ");
            Response.Write(reader["author"] + "<BR>");
        }
        reader.Close();
        conn.Close();
    }
}
```

> **提示**
>
> DataReader 以独占方式使用 Connection 对象，在关闭 DataReader 前无法对 Connection 对象执行任何操作。因此，当读完数据时或不再使用 DataReader 时，要记住关闭 DataReader。此外，要访问相关 Command 对象的任何输出参数或返回值时，也必须在关闭 DataReader 后才可进行。
>
> DataReader 对象的 Close()方法只关闭 DataReader 对象本身，要关闭与其相关联的 Connection 对象，则还需要调用 Connection 对象的 Close()方法。
>
> 当调用 Command 对象的 ExecuteReader()方法时，将其 Behavior 参数的值指定为 CommandBehavior.CloseConnection，则表示当关闭 DataReader 对象时，相关联的 Connection 对象也随之关闭。例如：
>
>   SqlDataReader dr=cmd.ExecuteReader(CommandBehavior.CloseConnection);
>
> 上述代码行的作用是，当调用 Close()方法关闭 DataReder 时，系统会隐式地关闭底层连接。

5.6.2 执行的存储过程

存储过程（Stored Procedure）是由一系列 SQL 语句和控制语句组成的数据处理过程，它存放在数据库中，在服务器端运行。由于存储过程是已经编译好的，因此执行存储过程比用 SQL 语句速度快，并且使用存储过程可以提高数据操作的安全性，改善应用程序性能。在 ADO.NET 中，Command 对象提供了执行存储过程的功能，下面介绍在 ADO.NET 中如何执行存储过程。

1. 执行不带参数的存储过程

在 ADO.NET 中执行存储过程与执行一般的 SQL 命令相似，也是利用 Command 对象的方法，不同的地方有两点：

- 创建 Command 时，命令语句 CommandText 为存储过程名。
- CommandType 属性值设置为 CommandType.Stored Procedure 时，表示要执行存储过程。

【例 5-3】编写一个返回 BookShop 数据库的 books 表中所有书名与作者的存储过程，然后调用该存储过程在网页中输出书名与作者信息。运行结果如图 5-5 所示。

（1）在查询分析器中运行如下 SQL 语句，创建存储过程 p_1：

```
use BookShop
go
Create procedure p_1
As
Select  bookname  书名,author 作者 From
book
```

（2）创建并运行下面的程序，该程序调用存储过程 p_1 实现数据的检索。（Procedure.aspx）

```
…
using System.Data;
using System.Data.SqlClient;

public partial class Procedure : System.Web.UI.Page
{
    protected void Page_Load(object sender, EventArgs e)
    {
        SqlConnection conn=new SqlConnection("server=(local);database=
            BookShop;integrated security=true");
        conn.Open();
        SqlDataAdapter da=new SqlDataAdapter();
        SqlCommand cmd=new SqlCommand("p_1", conn);
        cmd.CommandType=CommandType.StoredProcedure;
        da.SelectCommand=cmd;
        DataSet ds=new DataSet();
        da.Fill(ds, "books");
        dg.DataSource=ds;
        dg.DataBind();
    }
}
```

图 5-5　执行存储过程，返回 books 表中的数据

2. 执行带参数的存储过程

ADO.NET 在执行带参数的存储过程之前，需要将参数值传递给存储过程，在 System.Data.SqlClient 命名空间中，SqlParameter 类对应参数，一个 SqlParameter 类的实例对应一个参数。

SqlParameter 类的主要属性及说明如表 5-8 所示。

表 5-8　SqlParameter 类的主要属性及说明

属　性	说　明
SqlDbType	参数的类型，SqlDbType 属性是 SqlDbType 类型枚举值，如 SqlDbType.NVarChar
Value	参数的值
Size	列中数据的大小（以字节为单位）
ParameterName	SqlParameter 的名称
Direction	ParameterDirection 类型枚举值，该值指示参数是只可输入、只可输出、双向还是存储过程返回值参数；默认值是输入

ParameterDirection 类型枚举成员及说明如表 5-9 所示。

表 5-9　ParameterDirection 类型枚举成员及说明

成 员 名 称	说　明
Input	输入参数
InputOutput	既能输入,也能输出参数
Output	输出参数
ReturnValue	表示参数是诸如存储过程、内置函数或用户定义函数之类的操作的返回值

【例 5-4】本例演示了如何调用带参数的存储过程,运行结果如图 5-6 所示。

(1)在查询分析器中运行如下的 SQL 语句,创建存储过程 p_2:

```
CREATE procedure p_2
@bookID int,   --书的编号
@bookName    varchar(150) output
As
Select  @bookName=bookName  From book where bookID=@bookID
if @@RowCount>0
return 1    --找到书
else
return  0  --未找到书
GO
```

该存储过程的功能是根据用户输入的书的编号进行存储,如果找到书,返回 1,并用输出参数回传该书的书名;如果没有找到书,则返回 0。在该存储过程中,@title 后面 output 关键字说明是一个输出参数。由于使用了 return 语句,因此该存储过程有返回值。

图 5-6　调用带参数的存储过程

(2)创建并运行下面的程序,该程序调用存储过程 p_2,传入@title_id,并取回输出参数 @title 的值和返回值。(ProcedureParameter.aspx)

```
…
using System.Data;
using System.Data.SqlClient;


public partial class ProcedureParameter : System.Web.UI.Page
{
    protected void Page_Load(object sender, EventArgs e)
    {
        SqlConnection conn=new SqlConnection("server=(local);database
           =BookShop;integrated security=true");
        SqlCommand cmd=new SqlCommand("p_2", conn);
        cmd.CommandType=CommandType.StoredProcedure;
        //输入参数的用法
        //创建 SqlParameter 类型参数,注意参数名@bookID 要与存储过程中的参数名一致
        SqlParameter paramid=new SqlParameter("@bookID", SqlDbType.NVarChar, 50);
        //给参数赋值
```

```
        paramid.Value="5";
        //把参数加入到 Command 的 Parameters 集合
        cmd.Parameters.Add(paramid);
        //输出参数的用法
        SqlParameter parambookName=new SqlParameter("@bookName", SqlDbType.
            NVarChar, 150);
        //指出该参数是存储过程的 OUTPUT 参数
        parambookName.Direction=ParameterDirection.Output;
        cmd.Parameters.Add(parambookName);

        //返回值的获取
        SqlParameter paramreturn=new SqlParameter("@return", SqlDbType.Int, 150);
        //指出该参数是存储过程的返回参数
        paramreturn.Direction=ParameterDirection.ReturnValue;
        cmd.Parameters.Add(paramreturn);
        conn.Open();
        cmd.ExecuteNonQuery();
        conn.Close();
        if(paramreturn.Value.ToString()== "1")           //如果找到书
            Response.Write("书名为: " + parambookName.Value.ToString()+ "<br>");
        else
            Response.Write("没有找到书号为 5 的书! ");
    }
}
```

习 题

1. 编写一个 C#程序，在网页中显示 NorthWind 数据库的 Customers 表内的所有数据。
2. DataReader 对象与 Dataset 对象有什么区别？
3. ADO.NET 中的什么对象支持数据的离线访问？
4. DataAdapter 对象的作用是什么？
5. DataReader 对象的特点是什么？
6. 使用存储过程的好处是什么？
7. 上机调试本章例题。
8. 上机完成图书显示页面。

第 6 章 会员管理

前几章介绍了一些服务器控件以及与数据库的交互,本章将通过一个简化的会员管理系统完成一个比较完整的项目,以建立起完整的网站项目的概念,使读者掌握网站中状态的保存、站点的应用程序配置以及站点的发布等技术。

本章目标	☑ 了解 Web.config 的作用 ☑ 掌握 Web.config 的基本配置方法 ☑ 掌握 Session 的使用方法 ☑ 掌握站点的发布方法

6.1 情景分析

多数网站中需要有一套管理用户的功能,例如,用户登录、取回口令、注册、查看与修改个人注册信息,如图 6-1~图 6-5 所示。这些功能相当于一个小型的网站系统,可以将其称为会员管理系统。

图 6-1 用户登录界面

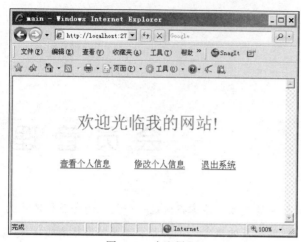

图 6-2 欢迎界面

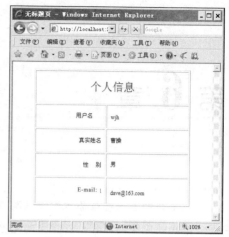

图 6-3 查看个人信息界面

图 6-4 修改个人信息界面

图 6-5 取回口令界面

6.2 Web.config 配置文件

ASP.NET 具有一个非常重要的特性，即它为开发者提供了一个非常便利的配置系统。这个配置系统借助基于 XML 格式的文件（Machine.Config 和 Web.Config）来存储配置信息，使得开发者可以轻松、快速地创建自己的 Web 应用环境。

1. 常用的配置

Web.config 配置文件（默认的配置设置）以下所有的代码都应该位于

```
<configuration>
<system.web>
```

和
```
</system.web>
</configuration>
```
之间。

（1）<compilation>元素的配置。在<compilation>配置节中，defaultLanguage 属性表示应用程序的默认语言。debug 属性表示应用程序能否被调试，它的值为一个布尔型值。而在应用程序的开发过程中，把 debug 属性设为 True。而当应用程序放到服务器上运行时，一般把 debug 属性设为 False，即禁止调试该应用程序，这样可以提高站点的安全性和程序的运行性能。

示例：
```
<compilation
    defaultLanguage="c#"
    debug="true"
/>
```
该配置要求该系统的默认语言是 C#，允许系统进行调试。

（2）<customErrors>元素的配置。该配置元素用于完成两项工作：一项是启用或禁止自定义错误；另一项是在指定的错误发生时，将用户重定向到某个 URL。它主要包括以下两种属性：

- Mode：具有 On、Off、RemoteOnly 3 种状态。On 表示启用自定义错误；Off 表示显示详细的 ASP.NET 错误信息；RemoteOnly 表示给远程用户显示自定义错误。一般来说，出于安全方面的考虑，只需要给远程用户显示自定义错误，而不显示详细的调试错误信息，此时需要选择 RemoteOnly 状态。
- defaultRedirect：当发生错误时，用户被重定向到默认的 URL。

另外，<customErrors>元素还包含一个子标记<error>，用于为特定的 HTTP 状态码指定自定义错误页面。它具有以下两种属性：

- statusCode：自定义错误处理程序页面要捕获的 HTTP 错误状态码。
- redirect：指定的错误发生时，要重定向到 URL。

示例：
```
<customErrors defaultRedirect="ErrorPage.aspx" mode="RemoteOnly">
</customErrors>
```
上述配置的含义是当发生错误时，将网页跳转到自定义的错误页面 ErrorPage.aspx，对不在本地 Web 服务器上运行的用户显示自定义（友好的）信息。

（3）<sessionState>元素的配置。<sessionState>配置节主要用于配置应用程序的 Session 对象的处理信息。例如，Session 对象的运行模式、有效时间、Cookies 是否有效等。

示例：
```
<sessionState mode="InProc" cookieless="true" timeout="20"/>
</sessionState>
```
上述配置的含义如下：

- mode="InProc"：表示在本地存储会话状态。
- cookieless="true"：表示用户浏览器不支持 Cookie 时启用会话状态（默认为 False）。
- timeout="20"：表示会话处于空闲状态超过 20 min 后失效。

（4）<httpRuntime>元素的配置。在 ASP.NET 应用程序开发中，有时需要限制客户上载文件的大小。在<httpRuntime>配置节中可以实现此功能，系统默认上载文件的大小为4 MB左右。maxRequestLength属性指示ASP.NET支持的最大文件上载大小。该限制可用于防止因用户将大量文件传递到该服务器而导致的拒绝服务攻击。指定的文件大小以KB为单位，默认值为4 096 KB（4 MB）。executionTimeout属性表示在被ASP.NET自动关闭前，允许执行请求的最大秒数。

示例：

```
<httpRuntime maxRequestLength="4096" executionTimeout="60"
    appRequestQueueLimit="100"/>
```

上述配置的含义是控制用户上传文件最大为4 MB，最长时间为60 s，最多请求数为100。

（5）<pages>元素的配置。<pages>配置节主要用于处理请求页面的一些信息。例如，请求时是否验证该页面的合法性、是否使用缓存和是否使用ViewState状态等。

如果在页面上的文本框中输入脚本（JavaScript或VBScript）时，系统会自动检测到该页面为危险页面，并产生警告信息，导向错误页面。有时开发人员希望自己来处理用户的输入，而不需要系统自动处理，此时可以把validateRequest属性的值设置为False，系统不再自动验证页面的危险性和合法性。

示例：

```
<pages
    buffer="true"
    enableSessionState="true"
    autoEventWireup="true"
    smartNavigation="true"
/>
```

上述配置的含义是页面启用缓存、会话状态，页事件与智能导航。

（6）<globalization>元素的配置。该配置元素主要用于完成应用程序的全局配置。它主要包括以下3种属性：

- fileEncoding：用于定义编码类型，供分析ASPX、ASAX和ASMX文件时使用。
- requestEncoding：用于指定ASP.NET处理的每个请求的编码类型。
- responseEncoding：用于指定ASP.NET处理的每个响应的编码类型。

示例：

```
<globalization
    fileEncoding="utf-8"
    requestEncoding="utf-8"
    responseEncoding="utf-8"
/>
```

2. 应用程序设置

Web.config文件中有一个可选标记<appSettings>专门用于存放应用程序设置。该应用程序的任何页面都可以访问到该Web.config文件中的应用程序设置。如果要修改设置，只需要在配置文件中进行修改即可，无须逐个修改应用程序的每个页面。

在ASP.NET应用程序开发中，绝大多数程序都需要数据库的支持，由于数据库的位置及密码等都可能变化，为了能够灵活配置及应用程序的安全性，通常把数据库连接字符串放在Web.config的<appSettings>配置节中，使用键/值对的方法，即<add key="dataKey"value="Data"/>，在程序中需要连接串时从 Web.config 中读取即可。

【例 6-1】使用 Web.config 存放数据库的连接串并在程序中读取。

（1）新建一个 ASP.NET 空网站。

（2）在 Web.config 文件中进行如下配置，如图 6-6 所示。

```
<appSettings>
  <add key="DSN"
  value="server=(local);uid=sa;pwd=;database=demo"/>
</appSettings>
```

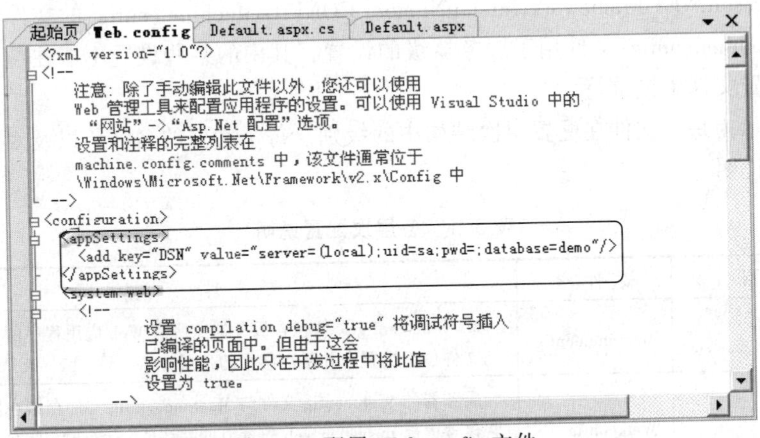

图 6-6　配置 Web.config 文件

（3）添加一个页面 Default.aspx，添加 Page_Load 事件代码如下：

```
protected void Page_Load(object sender, EventArgs e)
{
  string strConn=System.Configuration.ConfigurationManager.AppSettings
    ["DSN"];
  Response.Write("连接串为"+strConn);
}
```

（4）按【Ctrl+F5】组合键运行程序，结果如图 6-7 所示。

图 6-7　用 Web.config 存放数据库的连接串并在程序中读取

3. ASP.NET 配置文件的继承层次结构

为了在适当的目录级别实现应用程序所需级别的详细配置信息，而不影响较高目录级别中的配置设置，通常在相应的子目录下放置一个 Web.config 文件进行单独配置。这些子目录下的 Web.config 文件与其上级配置文件形成一种层次的结构，这样，每个 Web.config 文件都将继承上级配置文件，并设置自己特有的配置信息，应用于它所在的目录以及它下面的所有子目录。

ASP.NET 应用程序配置文件都继承于该服务器上的一个根 Web.config 文件，也就是 systemroot\Microsoft.NET\Framework\versionNumber\CONFIG\Web.config 文件，该文件包括应用于所有运行某一具体版本的.NET Framework 的 ASP.NET 应用程序的设置。由于每个 ASP.NET 应用程序都从根 Web.config 文件继承默认设置，因此只需要为重写默认设置创建 Web.config 文件即可。

同时，所有的.NET Framework 应用程序（不仅仅是 ASP.NET 应用程序）都从一个名为 systemroot\Microsoft.NET\Framework\versionNumber\CONFIG\Machine.config 的文件继承基本设置和默认值。Machine.config 文件用于服务器级的设置，其中的某些设置不能在位于层次结构中较低级别的配置文件中被重写。

表 6-1 所示为每个文件在配置层次结构中的级别、每个文件的名称，以及对每个文件的重要继承特征的说明。

表 6-1　各层次配置说明

配置级别	文件名	文件说明
服务器	Machine.config	Machine.config 文件包含服务器上所有 Web 应用程序的 ASP.NET 架构。此文件位于配置合并层次结构的顶层
根 Web	Web.config	服务器的 Web.config 文件与 Machine.config 文件存储在同一个目录中，它包含大部分 system.web 配置节的默认值。运行时，此文件是从配置层次结构中从上往下数第 2 层合并的
网站	Web.config	特定网站的 Web.config 文件包含应用于该网站的设置，并向下继承到该站点的所有 ASP.NET 应用程序和子目录
ASP.NET 应用程序根目录	Web.config	特定 ASP.NET 应用程序的 Web.config 文件位于该应用程序的根目录中，它包含应用于 Web 应用程序并向下继承到其分支中的所有子目录的设置
ASP.NET 应用程序子目录	Web.config	应用程序子目录的 Web.config 文件包含应用于此子目录并向下继承到其分支中的所有子目录的设置

6.3　Session 对象

1. Session 对象概述

Session 又称会话状态，用于维护和当前浏览器实例相关的一些信息。例如，打电话时从拿起电话拨号到挂断电话这中间的一系列过程可以称为一个 Session。对于 Web 应用，一个 Session 对应浏览器窗口打开到关闭的过程。Session 是用来维护这个会话期间的值的，这样，当在应用程序的 Web 页之间跳转时，存储在 Session 对象中的变量将不会丢失，而是在整个用户会话中一直存在下去。

Session 对象对于每一个客户端（或者说浏览器实例）是"人手一份"，用户首次与 Web 服务器建立连接时，服务器会给用户分发一个 SessionID 作为标识。SessionID 是由一个复杂算法生成的号码，它用于唯一标识每个用户会话。在新会话开始时，服务器将 SessionID 作为一个 Cookie 存储在用户的 Web 浏览器中。

应该注意的是，Session 对象是与特定用户相联系的。针对某一个用户赋值的 Session 对象是和其他用户的 Session 对象完全独立的，不会相互影响。换句话说，这里面针对每一个用户保存的信息是每一个用户自己独享的，不会产生共享情况。

2. Session 对象的属性和方法

Session 对象的属性及说明如表 6-2 所示。

表 6-2　Session 对象的属性及说明

属　　性	说　　　　　　　　明
Count	会话状态集合中 Session 对象的个数
TimeOut	在会话状态提供程序终止会话之前各请求之间所允许的超时期限
SessionID	用于标识会话的唯一会话 ID

Session 对象的方法及说明如表 6-3 所示。

表 6-3　Session 对象的方法及说明

方　　法	说　　　　　　　　明
Add	新增一个 Session 对象
Clear	清除会话状态中的所有值
Remove	删除会话状态集合中的项
RemoveAll	清除所有会话状态值

3. Session 对象的读/写

用如下格式写数据到 Session 对象中：

Session["变量名"]="内容"

例如，当用户登录成功后，把用户名存到名为 UserName 的 Session 变量中：

Session["User Name"]= "小王"

下面的代码用于读取 UserName 的 Session 变量值：

```
string s;
s=Session["UserName"].ToString();
```

提　示

在每次读取 Session 对象的值以前务必先判断 Session 是否为空（null），否则很有可能出现"未将对象引用设置到对象的实例"的异常。从 Session 对象中读出的数据都是 Object 类型的，需要进行类型转化后才能使用。

4. Session 对象的生命周期

Session 对象是在用户第 1 次访问网站时创建的，默认情况下，Session 的超时时间（Timeout）是 20 min，用户保持连续 20 min 不访问网站，则 Session 被收回，如果在这 20 min 内用户又访问了一次页面，20 min 就重新计时了，也就是说，这个超时是连续不访问的超时时间。也可以在 Web.config 中配置超时时间，例如：

```
<sessionState timeout="30"></sessionState>
```

如果要让 Session 保存的数据全部失效，则可以使用 Session.Abandon()。

【例 6-2】使用 Session 对象实现计数，运行结果如图 6-8 所示。(Session.aspx)

```
<%@ Page language="c#"%>
<%
if(Session["Count"] !=null)
    Session["Count"]=(int)Session["Co-
        unt"]+1;
else
    Session["Count"]=1;
    Response.Write(" Session[\"Count\"]的
        值为:"+
Session["Count"].ToString() );
%>
</script>
```

图 6-8 使用 Session 对象实现计数

单击刷新按钮，数字会从 1 不断增加，但如果关闭网页重新打开，Session 的值会消失，并重新从 1 开始增加。

6.4 会员管理的实现

会员管理系统的实现过程如下：

（1）新建一个 ASP.NET 空网站，命名为 Member。
（2）Web.config 中添加数据库连接串的设置：

```
<appSettings>
    <add key="DSN" value="server=(local);uid=sa;
        pwd=;database=bookshop"/>
</appSettings>
```

（3）向站点中添加登录页面 Login.aspx，设计页面如图 6-9 所示。

其中"注册"与"取回口令"为 HyperLink 控件，其 NavigateUrl 属性分别设置为注册页面 Register.aspx 与取回口令 GetPassword.aspx。

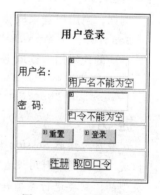

"登录"按钮的单击事件代码如下：

```
if(Page.IsValid)
{
    string strConn=System.Configuration.Configuration
        Manager. AppSettings ["DSN"];
    SqlConnection conn=new SqlConnection(strConn);
    string userName="";              //用户名
    string pwd="";                    //密码
    userName=txtuserName.Text.Trim();
    pwd=txtPwd.Text.Trim();
    string sql;
    //根据用户输入的用户名与密码动态组合成一个查询
    sql="select count(*) from Users where userName='"+userName+"' and
        PWD='"+pwd+"'";
    SqlCommand cmd=new SqlCommand(sql, conn);
    conn.Open();
    int ret=(int)cmd.ExecuteScalar();       //ret 查询返回的记录条数
    conn.Close();
    if(ret<=0)                              //如果没有返回记录
    {
        Response.Write("<script>alert(\"登录失败!用户名或密码错误!\")</script>");
```

图 6-9 用户登录界面

```
        }
        else
        {
//把用户名存储在Session["userName"]中
            ["userName"]=userName;
//转向"main.aspx 页面
            Response.Redirect("main.aspx");
        }
    }
```

（4）向站点添加主页面 Main.aspx，设计页面如图 6-10 所示。

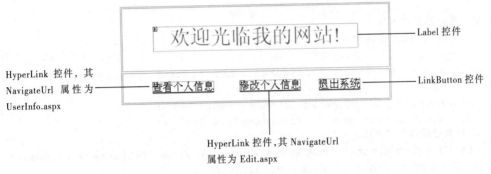

图 6-10　设计页面

单击"退出系统"超链接的代码如下：

```
Session["userName"]="";
Session.Abandon();
Response.Redirect("login.aspx");
```

（5）向站点中添加修改个人信息页面 Edit.aspx，设计页面如图 6-11 所示。

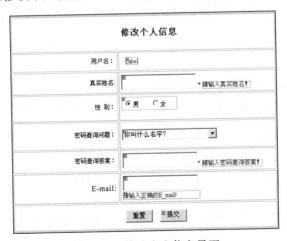

图 6-11　修改个人信息界面

页面主要代码如下：

```
protected void Page_Load(object sender, System.EventArgs e)
{
    if(Session["userName"]!=null&&Session["userName"].ToString()!="")
    {
        if(!Page.IsPostBack)
```

```csharp
            {
                ShowUserInfo();
            }
        }
        else
        {
            Response.Redirect("login.aspx");
        }

    }

    //显示用户的当前信息
    public void ShowUserInfo()
    {
        string strConn=System.Configuration.ConfigurationManager.AppSettings
            ["DSN"];
        SqlConnection conn=new SqlConnection(strConn);
        lbluserName.Text=Session["userName"].ToString();
        //从数据库读取用户信息
        string sql="select * from Users where userName='"+lbluserName.Text+"'";
        SqlCommand cmd=new SqlCommand(sql, conn);
        conn.Open();
        SqlDataReader reader=cmd.ExecuteReader();
        reader.Read();
        //把用户信息显示在页面上
        txttrueName.Text=reader["trueName"].ToString();
        lstsex.SelectedValue=reader["sex"].ToString();
        lstquestion.SelectedValue=reader["question"].ToString();
        txtanswer.Text=reader["answer"].ToString();
        txtemail.Text=reader["email"].ToString();
        reader.Close();
        conn.Close();
    }
    //单击"提交"按钮
    protected void btnSubmit_Click(object sender, System.EventArgs e)
    {
        if(Page.IsValid)
        {
            string strConn=System.Configuration.ConfigurationManager.AppSetti-
                ngs["DSN"];
            SqlConnection conn=new SqlConnection(strConn);
            string name, realName, sex, pwd, question, answer, email;
            //获取用户输入
            name=Session["userName"].ToString();
            realName=txttrueName.Text.Trim();
            sex=lstsex.SelectedItem.Text.Trim();
            question=lstquestion.SelectedItem.Text;
            answer=txtanswer.Text.Trim();
            email=txtemail.Text.Trim();
            //构建UPDATE语句
```

```
        string sql=@"UPDATE Users SET trueName=@trueName,sex=@sex,"+
            "question=@question,answer=@answer,email=@email  WHERE userName=
            '"+name+"'";
        SqlCommand cmd=new SqlCommand(sql, conn);
        //加入Command的参数
        cmd.Parameters.Add(new SqlParameter("@trueName", SqlDbType.VarChar));
        cmd.Parameters.Add(new SqlParameter("@sex", SqlDbType.VarChar));
        cmd.Parameters.Add(new SqlParameter("@question", SqlDbType.VarChar));
        cmd.Parameters.Add(new SqlParameter("@answer", SqlDbType.VarChar));
        cmd.Parameters.Add(new SqlParameter("@email", SqlDbType.VarChar));
        //为Command的参数赋值
        cmd.Parameters["@trueName"].Value=realName;
        cmd.Parameters["@sex"].Value=sex;
        cmd.Parameters["@question"].Value=question;
        cmd.Parameters["@answer"].Value=answer;
        cmd.Parameters["@email"].Value=email;
        conn.Open();
        cmd.ExecuteNonQuery();
        conn.Close();
        Response.Redirect("main.aspx");

    }
}
```

（6）向站点中添加显示个人信息页面UserInfo.aspx，设计页面如图6-12所示。

图6-12　个人信息界面

页面主要代码如下：

```
protected void Page_Load(object sender, System.EventArgs e)
{
    if(Session["userName"] != null && Session["userName"].ToString() != "")
    {
        if(!Page.IsPostBack)
        {
            ShowUserInfo();
        }
    }
}
```

```csharp
        //如果未登录，则转到登录页面
        else
        {
            Response.Redirect("login.aspx");
        }
    }
    //显示个人信息
    public void ShowUserInfo()
    {
        //从数据库中读取个人信息
        string strConn=System.Configuration.ConfigurationManager.AppSettings
            ["DSN"];
        SqlConnection conn=new SqlConnection(strConn);
        lblName.Text=Session["userName"].ToString();
        string sql="select trueName,sex,email from Users where userName='"+
            lbl Name.Text+"'";
        SqlCommand cmd=new SqlCommand(sql, conn);
        conn.Open();
        SqlDataReader reader=cmd.ExecuteReader();
        reader.Read();
        //把个人信息显示在网页上
        lbltrueName.Text=reader["trueName"].ToString();
        lblsex.Text=reader["sex"].ToString();
        lblemail.Text=reader["email"].ToString();
        reader.Close();
        conn.Close();
    }
```

（7）向站点中添加取回口令页面 GetPassword.aspx，设计页面如图 6-13 所示。注意：要设置用户名对应的编辑框的 AutoPostBack 属性为 True，这样当焦点离开编辑框时，会自动触发 OnTextChanged 事件，从而执行相应的代码。

页面主要代码如下：

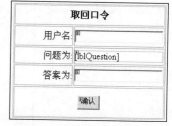

图 6-13 取回口令界面

```csharp
//单击"确认"按钮
protected void Button1_Click(object sender,
EventArgs e)
{
    string strConn=System.Configuration.ConfigurationManager.AppSettings
        ["DSN"];
    SqlConnection conn=new SqlConnection(strConn);
    string sql="select question,PWD,answer from Users where userName='"+
        txtUser Name.Text.Trim()+"'";
    SqlCommand cmd=new SqlCommand(sql, conn);
    conn.Open();
    SqlDataReader reader=cmd.ExecuteReader();
    if(reader.Read())
    {
        if(txtAnswer.Text.Trim()==reader["answer"].ToString())
        {
```

```
            Response.Write("<script>alert(' 你的密码是:"+reader["PWD"].To
                String()+" ')</script>");
        }
        else
        {
            Response.Write("<script>alert('回答问题错误!')</script>");
        }
    }
    reader.Close();
    conn.Close();
}


protected void txtUserName_TextChanged(object sender, EventArgs e)
{
    //在数据库中查找输入的用户
    string strConn=System.Configuration.ConfigurationManager.AppSettings
        ["DSN"];
    SqlConnection conn=new SqlConnection(strConn);
    string sql="select question,PWD,answer from Users where userName='"+txtUser
        Name.Text.Trim()+"'";
    SqlCommand cmd=new SqlCommand(sql, conn);
    conn.Open();
    SqlDataReader reader=cmd.ExecuteReader();
    if(!reader.Read())
    {
        lblQuestion.Text="";
        Button1.Enabled=false;
        Response.Write("<script>alert('查找的用户名不存在!')</script>");
        return;
    }
    else
    {
        lblQuestion.Text=reader["question"].ToString();
        Button1.Enabled=true;
    }
     reader.Close();
     conn.Close();
}
```

（8）向站点中添加注册页面 Register.aspx，其设计、代码与项目前面所讲述的 Register 站点中的 Register.aspx 页面相同。

6.5 发布网站

前面的站点都是在 Visual Studio 2010 的编程环境下运行的，下面来发布站点，使网站可以脱离 Visual Studio 2010 开发环境进行访问。

1. 发布站点

（1）在 Visual Studio 2010 中打开站点 Member。

（2）选择"生成"→"发布网站"命令，弹出"发布网站"对话框，设置目标路径为 C:\MyWeb，如图 6-14 所示。

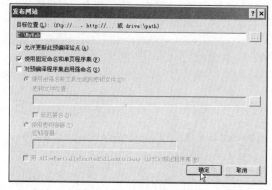

图 6-14 "发布网站"对话框

（3）单击"确定"按钮，在 C 盘目录下可以看到多出一个 MyWeb 文件夹，member 项目中的文件都被复制到 MyWeb 文件夹中，.cs 文件都被编译成 dll 文件放在 bin 文件夹下。

2. 新建一个站点

要显示浏览动态页面，需要把动态页面文件放在某个虚拟目录下。所谓虚拟目录，是指在 URL 中使用的目录名称。虚拟目录的名称可以与物理目录相同，也可以不相同。

下面对前面发布的 C:\MyWeb 项目目录创建一个名为 MyWeb 的虚拟目录。创建虚拟目录的步骤如下：

（1）右击"我的电脑"图标，在弹出的快捷菜单中选择"管理"命令，打开"计算机管理"窗口，如图 6-15 所示。

> **提 示**
>
> 也可以选择"开始"→"程序"→"管理工具"→"Internet 信息服务管理器"命令打开"计算机管理"窗口。

（2）展开左边目录树的"服务和应用程序"选项，如图 6-16 所示。

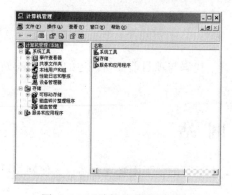

图 6-15 "计算机管理"窗口

图 6-16 展开"服务和应用程序"选项

（3）右击"默认网站"选项，在弹出的快捷菜单中选择"新建"→"虚拟目录"命令，如图 6-17 所示。

（4）打开虚拟目录创建向导，单击"下一步"按钮，如图 6-18 所示。

图 6-17 新建虚拟目录

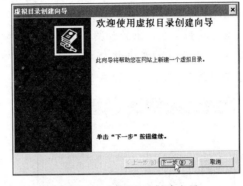

图 6-18 虚拟目录创建向导

（5）输入别名 MyWeb，单击"下一步"按钮，如图 6-19 所示。

（6）选择站点所在的目录，单击"下一步"按钮（见图 6-20），直至完成。

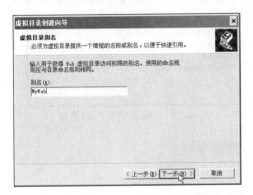

图 6-19 设置虚拟目录别名　　　　　　　图 6-20 选择站点目录

（7）此时"默认网站"下增加了一个 MyWeb 站点，如图 6-21 所示。

图 6-21 增加一个 MyWeb 站点

提 示

也可以用快捷方法创建虚拟目录，例如，要把 C:\MyWeb 文件夹设为虚拟目录，只需在资源管理器中右击 C:\MyWeb 文件夹，在弹出的快捷菜单中选择"属性"命令，弹出"MyWeb 属性"对话框，切换到"Web 共享"选项卡，如图 6-22 所示。选中"共享文件夹"单选按钮，在弹出的如图 6-23 所示的"编辑别名"对话框的"别名"文本框中输入虚拟目录名字，一般让它与文件名相同，单击"确定"按钮返回即可创建一个对应于 C:\MyWeb 的虚拟目录 MyWeb，如图 6-24 所示。

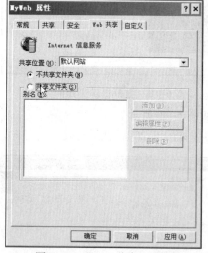

图 6-22 "Web 共享"选项卡

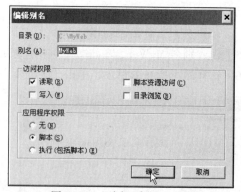

图 6-23 "编辑别名"对话框

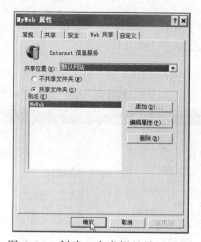

图 6-24 创建一个虚拟目录 MyWeb

3. 配置站点

（1）右击"默认网站"下的 MyWeb 站点，在弹出的快捷菜单中选择"属性"命令，弹出站点属性设置对话框，然后切换到"目录安全性"选项卡，如图 6-25 所示。

（2）单击"编辑"按钮，弹出"身份验证方法"对话框，选中"匿名访问"复选框，如图 6-26 所示。

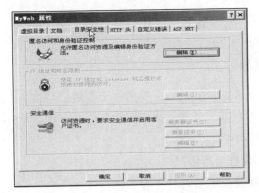

图 6-25 "目录安全性"选项卡

（3）切换到 ASP.NET 选项卡， ASP.NET 的版本选择与开发网站时所用的.NET Framework 版本一致，如果是用.NET Framework 2.0，则选 2.0.50727，如图 6-27 所示；如果用.NET Framework 4.0，则选相应的 4.0 选项。

图 6-26 选中"匿名访问"复选框

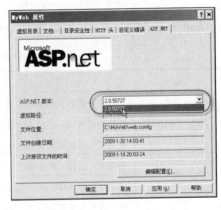

图 6-27 设置 ASP.NET 的版本为 2.0

4. 访问网站

配置好名为 MyWeb 的站点后，在浏览器的地址栏中输入 http://localhost/MyWeb/login.aspx，即可出现登录页面，进而访问会员管理各页面，如图 6-28 所示。

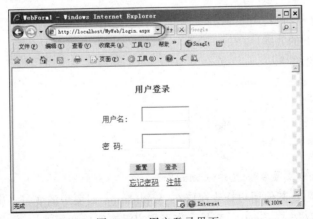

图 6-28 用户登录界面

6.6 知识拓展

6.6.1 Application 对象

Application 对象是 HttpApplicationState 类的一个实例,Application 对象使给定应用程序的所有用户之间共享信息,并且在服务器运行期间持久地保存数据。Application 对象成员的生命周期止于关闭 IIS 或使用 Clear()方法清除。

1. Application 对象的属性与方法

Application 对象的属性及说明如表 6-4 所示。

表 6-4 Application 对象的属性及说明

属性	说明
AllKeys	获取 HttpApplicationState 集合中的访问键
Count	获取 HttpApplicationState 集合中的对象数

Application 对象的方法及说明如表 6-5 所示。

表 6-5 Application 对象的方法及说明

方法	说明
Add	新增一个新的 Application 对象变量
Clear	清除全部的 Application 对象变量
Get	使用索引关键字或变数名称得到变量值
GetKey	使用索引关键字来获取变量名称
Lock	锁定全部的 Application 对象变量
Remove	使用变量名称删除一个 Application 对象变量
RemoveAll	删除全部的 Application 对象变量
Set	使用变量名更新一个 Application 对象变量的内容
UnLock	解除锁定的 Application 对象变量

2. Application 对象的读/写

Application 对象利用"键-值"对的字典方法来定义,其中"键"为字符串,代表状态的"名","值"可以是任何类型的数据。

Application 对象的写入:

Application["变量名"]=值;

或

Application.Add("变量名",值);

Application 对象的读取:

string s;
s=Application["变量名"].ToString();

Lock()方法可以阻止其他用户修改存储在 Application 对象中的变量,确保在同一时刻仅有一个客户可修改和存/取 Application 变量。如果用户没有明确调用 Unlock()方法,则服务器将在页面文件结束或超时后解除对 Application 对象的锁定。

使用方法如下：

```
Application.Lock();
Application["变量名"]="变量值";
Application.UnLock();
```

【例 6-3】使用 Application 对象实现计数，运行结果如图 6-29 所示。（applicationCount.aspx）

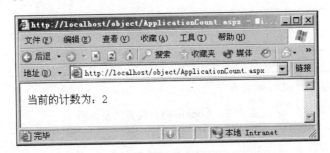

图 6-29 使用 Application 对象实现计数

```
<Script Language="C#" Runat="Server" Debug="true">
public void Page_Load(Object src,EventArgs e)
{
   if(Application["User_Count"]==null)
   {
      Application["User_Count"]=1;
   }
   else
   {
      Application.Lock();
      Application["User_Count"]=(Int32)Application["User_Count"]+1;
      Application.UnLock();
   }
   Response.Write("当前的计数为: "+Application["User_Count"].ToString() );
}
</script>
```

浏览该网页时，关闭再重新浏览该网页，当前的计数会不断增加，因为 Application 变量值并不会因网页的关闭而消失。

6.6.2 Cookie 对象

Cookie 对象是一小段文本信息，伴随着用户请求和页面在 Web 服务器及浏览器之间传递。Cookie 对象跟 Session 对象、Application 对象类似，也是用来保存相关信息的，但 Cookie 对象和其他对象的最大不同是，Cookie 将信息保存在客户端，而 Session 对象和 Application 对象是保存在服务器端。

Cookie 对象的用途是帮助 Web 应用程序保存有关访问者的信息。例如，购物网站上的 Web 服务器跟踪每个购物者，以便网站能够管理购物车和其他的用户相关信息；一个实施民意测验的网站可以简单地利用 Cookie 作为布尔值，表示用户的浏览器是否已经参与了投票，从而避免重复投票；一些要求用户登录的网站则可以通过 Cookie 来确定用户是否已经登录过，这样用户就不必每次都输入用户名和密码。

1. Cookie 对象的属性与方法

Cookie 对象的属性及说明如表 6-6 所示。

表 6-6 Cookie 对象的属性及说明

属性	说明
Name	Cookie 的名称
Value	Cookie 的值
Expires	Cookie 的过期日期和时间

Cookie 对象的方法及说明如表 6-7 所示。

表 6-7 Cookie 对象的方法及说明

方法	说明
Add	新增一个 Cookie 变量
Clear	清除 Cookie 集合内的变量
Get	通过变量名或索引得到 Cookie 的变量值
GetKey	以索引值来获取 Cookie 的变量名
Remove	通过 Cookie 变量名来删除 Cookie 变量

2. Cookie 对象的读/写

Cookie 对象分别属于 Request 对象和 Response 对象，其读/写方法为：

写入数据：

`Response.Cookies["数据名称"].Value=数据`

读取数据：

`data1=Request.Cookies["数据名称"].Value`

> **注 意**
>
> 写入数据用 Response 对象，读取数据用 Request 对象。

【例 6-4】用 Cookie 对象保存上次访问的用户名。（Cookie.aspx）

```
<%@ Page Language="C#" %>
<script runat="server">
  void Page_Load(object sender, EventArgs e) {
    //取得 Cookies["user"]对象
    HttpCookie readcookie=Request.Cookies["user"];
    if(readcookie!=null)                    //如果 readcookie 存在
    //读取 readcookie 的值显示在 TextBox1 中
    TextBox1.Text=readcookie.Value;
  }
  void Button1_Click(object sender, EventArgs e) {
    //生成一个名为 user 的 HttpCookie 对象 cookie
    HttpCookie cookie=new HttpCookie("user");
    //取得当天的时间
    DateTime dt=DateTime.Now;
```

```
            //创建一个 6 min 的 TimeSpan
            TimeSpan ts=new TimeSpan(0,0,6,0);
            //设置cookie的过期时间为创建cookie后 6 min
            cookie.Expires=dt.Add(ts);
            //把文本框的值赋给cookie
            cookie.Value=TextBox1.Text;
            //把cookie加入到Response,cookie值写入到客户端
            Response.AppendCookie(cookie);
            Response.Write("用户名已存入cookie,请重新打开网页验证");
            Response.Write("<BR>");                //换行
    }
</script>
<html>
<body>
    <form runat="server">
        用户名:
        <asp:TextBox id="TextBox1" width="80" runat="server"></asp:TextBox>
        <asp:Button id="Button1" onclick="Button1_Click" runat="server"
        Text="登录"></asp:Button>
    </form>
</body>
</html>
```

运行 Cookie.aspx,在"用户名"文本框中输入"大山",单击"登录"按钮,程序把用户名存入 Cookie,如图 6-30 所示。重新打开 Cookie.aspx 时,在文本框中自动显示上次登录的用户名,如图 6-31 所示。

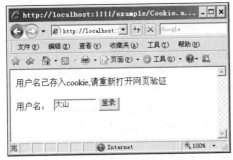

图 6-30 运行 Cookie.aspx,输入"大山"　　图 6-31 在文本框中自动显示上次登录的用户名

3. Cookie 对象的生存期

如果不设置 Expires 属性,Cookie 就在当前会话结束时终止。可以在程序中自行设置有效日期,只要指定 Cookie 变量的 Expires 属性即可。语法如下:

```
Response.Cookies[CookieName].Expires=日期
```

若没有指定 Expires 属性,则 Cookie 变量将不会被存储,会像 Session 对象一样当浏览器关闭后便被销毁。

4. Cookie 对象的优点和缺点

Cookie 对象的优点:

- 可配置到期规则。Cookie 对象可以在浏览器会话结束时到期,或者在客户端计算机上无

限期存在，这取决于客户端的到期规则。
- 不需要任何服务器资源。Cookie 存储在客户端并在发送后由服务器读取。
- 简单性。Cookie 是一种基于文本的轻量结构，包含简单的键值对。
- 数据持久性。虽然客户端计算机上 Cookie 的持续时间取决于客户端上的 Cookie 过期处理和用户干预，但 Cookie 通常是客户端上持续时间最长的数据保留形式。

Cookie 对象的缺点：

- 大小受到限制。大多数浏览器将 Cookie 的大小限制为 4 096 B，在较新的浏览器和客户端设备版本中支持 8 192 B 大小的 Cookie。
- 用户配置为禁用。有些用户禁用了浏览器或客户端设备接收 Cookie 的能力，因此限制了这一功能。
- 潜在的安全风险。Cookie 可能会被篡改，用户可能会操纵其计算机上的 Cookie，这意味着会对安全性造成潜在风险，或者导致依赖于 Cookie 的应用程序运行失败。

习　题

1. 简述 Session 对象。
2. 简述 Session 对象的生命周期。
3. 如何读/写 Session 信息。
4. 简述 Web.config 文件。
5. 简述以下几个转向的含义：

```
Response.Redirect("1.aspx");
Response.Redirect("~/1.aspx");
Response.Redirect("~/member/1.aspx");
```

6. 对于以下请求：

http://localhost/demo/test.aspx?userName=wjh&pwd=123

test.aspx 文件应如何取得请求中参数 userName 与 pwd 的值？

7. 说明 Web.config 中下面配置的含义：

```
<customErrors defaultRedirect="ErrorPage.aspx" mode="RemoteOnly">
</customErrors>
<sessionState mode="InProc" cookieless="true" timeout="20"/>
</sessionState>
<httpRuntime maxRequestLength="4096" executionTimeout="60" appRequestQueueLimit="100"/>
```

8. 如何在 Web.config 中存放和读取数据库连接信息？
9. 简述 Application 对象。
10. 简述 Cookie 对象。
11. 为什么要对 Application 对象进行锁定？何时进行锁定？
12. Application 对象、Session 对象和 Cookie 对象有什么区别和联系？
13. 如何发布网站？
14. 上机调试本章例题。
15. 上机完成会员管理模块。

第7章 图书展示

ASP.NET 提供了数据绑定技术，使得界面上的控件与数据库中的数据产生对应关系，能对数据方便地进行显示与编辑，配合数据绑定，ASP.NET 还提供了一些能以灵活的格式显示多条数据的控件，如 Repeater 控件与 DataList 控件。

本章目标	☑ 理解数据绑定 ☑ 掌握 Repeater 控件的使用方法 ☑ 掌握 DataList 控件的使用方法

7.1 情景分析

在网上书店中需要把图书信息列出来供用户浏览，如图 7-1 所示。如果用户要看图书的详细介绍，可以单击书名的超链接；如果要订购本书，可以单击"购买"超链接，把书先放入购物车中。由于图书信息很多，因此可以提供分页浏览。

图 7-1 显示图书信息

对于在网页中以灵活的格式显示多条记录，ASP.NET 提供了 Repeater 与 DataList 等控件，

Repeater 与 DataList 都可以根据预先设置的模板显示多条记录。

7.2 数据绑定

数据绑定是使页面上控件的属性与数据库中的数据产生对应关系，每当数据源中的数据发生变化且重新启动网页时，被绑定对象中的属性将随数据源的变化而改变。使用数据绑定可以把控件的属性绑定到诸如 SQL Server 数据库表的内容数据源中，还可以把控件的属性绑定到表达式、属性和方法集合中。用于绑定控件的表达式放置于<%#...%>标记之间。

每当为一个控件调用 DataBind()方法时，数据绑定在该控件上。在 Page_Load 事件中可为一个页面调用 DataBind()方法。当调用 Page 的 DataBind()方法时，会计算该页面上的所有数据绑定表达式。

【例 7-1】通过绑定显示变量的值，运行结果如图 7-2 所示。（BindVar.aspx）

```
<Script Language="C#" Runat="Server">
    public string msg="篮球";
    public void Page_Load(Object src,EventArgs e)
    {
        //使页面显示绑定的 msg
        Page.DataBind();
    }
</script>
<body>
    我的爱好是: <b><%# msg %></b>
</body>
```

图 7-2 通过绑定显示变量的值

程序说明：

在程序中，用<%# msg %>来绑定 msg，要使控件绑定显示数据源的数据，必须使用控件的 DataBind()方法来进行绑定。也可以调用 Page 对象的 DataBind()方法，在调用 Page 对象的 DataBind()方法时，Page 对象会自动调用所有控件的 DataBind()方法进行数据绑定的工作，而不需要逐一调用每个控件的 DataBind()方法。另外要特别注意的是，这种方法只能绑定到网页范围的变量上，如这里的 msg 是一个网页范围的变量。

【例 7-2】绑定显示方法的返回值，运行结果如图 7-3 所示。（BindMethod.aspx）

```
<Script Language="C#" Runat="Server">
    public void Page_Load(Object src,EventArgs e)
    {
        Page.DataBind();
    }
    //函数 getSum 返回参数 a 和 b 之和
    public int getSum(int a,int b)
    {
        return a+b;
    }
</script>
<html>
<head>
    <title></title>
```

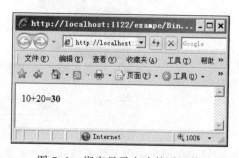

图 7-3 绑定显示方法的返回值

```
</head>
<body>
    10+20=<b><%#getSum(10,20) %></b>
</body>
</html>
```

7.3 Repeater 控件

Repeater 控件可以将数据依照所制定的格式逐一显示出来。只要将想要显示的格式先定义好，Repeater 控件就会依照所定义的格式来显示数据，这个预先定义好的格式称为"模板"(template)。使用模板可以让资料可以更容易、更美观地呈现给用户。

Repeater 控件是"无外观的"，即它不具有任何内置布局或样式，也不会产生任何数据控制表格来控制数据的显示，因此，必须在控件的模板中明确声明所有 HTML 布局标记、格式标记和样式标记。另外在 IDE 中，它不提供任何可视化的设计工具，因此对程序员要求较高。

Repeater 控件的声明语法如下：

```
<Asp:Repeater Runat="Server" Id="…" DataSource="<%# … %>"
    DataMember="…" …>
    <HeaderTemplate>页眉模板</HeaderTemplate>
    <ItemTemplate>奇数行数据模板</ItemTemplate>
    <AlternatingItemTemplate>偶数行数据模板
    </AlternatingItemTemplate>
    <SeparatorTemplate>分隔模板</SeparatorTemplate>
    <FooterTemplate>页脚模板</FooterTemplate>
</Asp:Repeater>
```

通过页眉模板、奇数行数据模板、偶数行数据模板、分隔模板以及页脚模板，可以灵活控制记录的显示格式。Repeater 控件所支持的各种模板的意义如下：

- ItemTemplate：为数据源中的每一行都呈现一次的模板。
- AlternatingItemTemplate：与 ItemTemplate 模板类似，但在 Repeater 控件中隔行呈现一次。
- HeaderTemplate：一般用于设置标题或特殊格式标记（如<Table>标记）等。
- SeparatorTemplate：用于指定如何分隔记录行。
- FooterTemplate：用于指定在所显示记录的尾部应显示什么信息。

当数据源有记录时，每取一条记录，Repeater 控件都按照 ItemTemplate 模板或 AlternatingItemTemplate 模板定义的格式进行显示；如果数据源中没有数据，则 Repeater 控件在界面上不会有任何显示。需要注意的是，ItemTemplate 模板是必须要定义的。

【例 7-3】使用 Repeater 控件的各种模板显示数据，运行结果如图 7-4 所示。

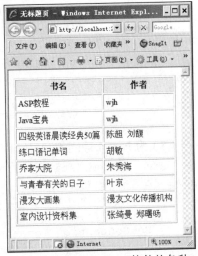

图 7-4 使用 Repeater 控件的各种模板显示数据

（1）运行 Visual Studio 2010。

（2）新建一个 ASP.NET 空网站；向站点添加一个页面，命名为 Repeater.aspx。

（3）从"工具箱"中向 Repeater.aspx 拖入一个 Repeater 控件。

（4）切换到 Repeater.aspx 的"源"视图，在 Repeater 控件标签内完成各 Template 内容，如下：

```
<asp:Repeater ID="Repeater1" runat="server" >

    <HeaderTemplate>
            <table border="1" cellpadding="4">
                <tr bgcolor="#eeeeee">
                    <th>书名</th>
                    <th>作者</th>
                </tr>
    </HeaderTemplate>
        <ItemTemplate>
            <tr>
                <td>
                    <%# Eval("bookname")  %></td>
                <td>
                    <%# Eval("author") %>
                </td>
            </tr>
        </ItemTemplate>
        <AlternatingItemTemplate>
            <tr bgcolor="lightyellow">
                <td>
                    <%# Eval("bookname")  %></td>
                <td>
                    <%# Eval("author") %>
                </td>
            </tr>
        </AlternatingItemTemplate>
        <FooterTemplate>
            </table>
                </FooterTemplate>
    </asp:Repeater>
```

（5）为 Page_Load 事件编写如下代码：

```
using System.Data.SqlClient;
…
  protected void Page_Load(object sender, EventArgs e)
    {
    SqlConnection Conn=new SqlConnection ("server=(local);integrated
        security=true;database=bookshop");
    SqlDataAdapter da=new SqlDataAdapter("select * from book", Conn);
    DataSet ds=new DataSet();
    da.Fill(ds);
```

```
Repeater1.DataSource=ds;
Repeater1.DataBind();
}
```

程序说明：

#Eval 的作用是取得数据集内的指定内容，参数是字段名或属性名。如<%# Eval("bookname") %>表示显示数据源 DataSet 中的 bookname 字段，对于 DataSet 中的每一条记录，都会以模板规定的格式来显示；对于模板中未出现的字段，尽管 DataSet 中有相应的数据，也不会被显示。

本例中使用 Table 来布局 Repeater 控件，整个 Repeater 控件是一个 Table。使用 Table 进行布局是一种常用的方法，要用 Table 布局，首先要了解 Table 的 HTML 标记。

- <table></table>：表格。
- <tr></tr>：表格的一行。
- <th></th>：表格的标题单元格。
- <td></td>：表格的单元格。

一般来说，<HeaderTemplate>与</HeaderTemplate>之间放置表格开始标记<table>，<FooterTemplate>与</FooterTemplate>之间放置表格结束标记</table>，不管数据源有多少条记录，HeaderTemplate 与 FooterTemplate 都只会执行一次，因此在运行后，Repeater 控件中只会有一个<table></table>标记。<tr></tr>标记应放置在 ItemTemplate 或 AlternatingItemTemplate 模板中，这样，数据源中的每条记录都会产生一个<tr></tr>，即单独显示在一行中。每个字段的内容应放在单元格中，如下所示，把 bookname 字段放在<td></td>之间：

```
<td> <%# Eval("bookname") %></td>
```

7.4 DataList 控件

就显示数据而言，DataList 控件与 Repeater 控件的功能相同。除了显示数据的功能外，DataList 控件还提供数据更新和删除功能，DataList 控件还支持选择。可使用模板对 DataList 中列表项的内容和布局进行定义，这些模板的说明如表 7-1 所示。

表 7-1 DataList 的模板

模 板 名 称	说　　明
ItemTemplate	项目的内容和布局，必选
AlternatingItemTemplate	替换项的内容和布局
SeparatorTemplate	在各个项目（以及替换项）之间的分隔符
SelectedItemTemplate	选中项目的内容和布局
EditItemTemplate	正在编辑的项目的内容和布局
HeaderTemplate	标题的内容和布局
FooterTemplate	脚注的内容和布局

DataList 通过 RepeatDirection 属性可以水平或者垂直地显示项目，RepeatColumns 属性可以控制显示的列数。

【例 7-4】学习 DataList 的 RepeatDirection 属性和 RepeatColumns 属性的使用方法，运行结

果如图 7-5 所示。(DataList.aspx)

图 7-5　RepeatDirection、RepeatColumns 属性的使用效果

（1）运行 Visual Studio 2010。
（2）新建一个 ASP.NET 空网站；向站点添加一个页面，命名为 DataList.aspx。
（3）从"工具箱"的"数据"栏中向 DataList.aspx 拖入一个 DataList 控件。
（4）切换到 DataList.aspx 的"源"视图，DataList 控件 ItemTemplate 模板的设置如下：

```
<asp:DataList
    ID="DataList1"
    RepeatColumns="2"
    RepeatDirection="Horizontal"
    GridLines="Both"
    Runat="Server"  BorderWidth="2px">
    <ItemTemplate>
    <table>
        <tr><td> <img src=images/<%# Eval("bookimage")%> width="100
           px" height="120px" /></td></tr>
        <tr><td> <%# Eval("bookname")%> </td></tr>
    </table>
    </ItemTemplate>
    <ItemStyle VerticalAlign="Bottom"/>
</asp:DataList>
```

（5）在资源管理器中向项目文件夹添加一个 images 文件夹，向 images 文件夹拷入所需的图片。
（6）为 Page_Load 事件编写如下代码：

```
using System.Data.SqlClient;
...
protected void Page_Load(object sender, EventArgs e)
{
    SqlConnection Conn=new SqlConnection("server=(local);integrated security=
        true;database=BookShop");
    SqlDataAdapter da=new SqlDataAdapter("select * from book", Conn);
    DataSet ds=new DataSet();
    da.Fill(ds);
```

```
DataList1.DataSource = ds;
DataList1.DataBind();
}
```
程序说明：

- 在 ItemTemplate 中，<img>是 HTML 中的图片标记，其 src 属性是图片的文件名，图书封面图像存放在 images 目录下，而 bookimage 字段中存放图像的文件名，因此把 bookimage 绑定到 img 的 src 属性上就可以显示图像。
- 由于设置 DataList 的 RepeatColumns 为 2，因此在一行中显示 2 条记录。

提 示

Visual Studio.NET 中 DataList 的模板编辑。

Visual Studio.NET 提供了对 DataList 模板编辑的支持，在 Web 窗体中的 DataList 上右击，在弹出的快捷菜单中选择"编辑模板"→"项模板"命令，就可以打开模板编辑界面。在此界面中可以编辑 ItemTemplate、AlternatingItemTemplate、SelectedItemTemplate 和 EditItemTemplate 等模板，可以直接拖动控件到模板中并设置控件的属性，如图 7-6 所示。编辑完毕后右击，在弹出的快捷菜单中选择"结束模板编辑"命令关闭模板编辑界面。

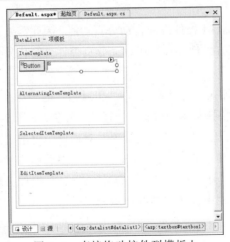

图 7-6 直接拖动控件到模板上

在 Web 窗体中的 DataList 上右击，在弹出的快捷菜单中选择"编辑模板"→"页眉页脚模板"或"编辑模板"→"分隔符模板"命令可以实现对 HeaderTemplate、FooterTemplate 和 SeparatorTemplate 模板的编辑。

需要注意的是，虽然 Visual Studio.NET 提供了方便的模板编辑功能，但在许多情况下还是有必要在网页的 HTML 源代码中进行编辑。

7.5 图书展示的实现

由于图书展示模块需要一行显示多条记录，因此选择使用 DataList 控件，图书展示模块的实现步骤如下：

（1）新建一个 ASP.NET 空网站 BookList，向站点添加一个页面 Default.aspx。

（2）从"工具箱"的"数据"栏中向 Default 页面拖入一个 DataList 控件，并设置 RepeatColumns 属性为 2。

（3）DataList 控件的 ItemTemplate 模板的设置如下：

```
<ItemTemplate>
    <table border="0" width="300">
      <tr>
        <td align="right" valign="middle" width="100">
            <a href='bookDetail.aspx?bookID=<%# Eval("bookID")%>'>
            <img border="0" height="120" width="100" src='images/cover/<
              %# Eval ("bookImage")%>'></a>
        </td>
         <td valign="middle" width="200">
            <a href='bookDetail.aspx?bookID=<%# Eval("bookID")%>'>
            <%# Eval("bookName")%>
            </a><br><br>
            <b>价格：</b> <%# Eval("price", "{0:c}")%>
            <br><br>
            <a href='ShopCart.aspx?bookID=<%# Eval("bookID")%>'>
            <font color="#9d0000">购买</font></a></td>
      </tr>
    </table>
</ItemTemplate>
```

（4）添加分页控件。DataList 控件没有自动分页功能，因此需要自己编程实现。这里使用第三方组件 AspNetPager 分页控件来简化分页导航。

- 首先把 AspNetPager 加入"工具箱"，在"工具箱"的"标准"栏上右击，在弹出的快捷菜单中选择"选择项"命令，如图 7-7 所示。在如图 7-8 所示的"选择工具箱项"对话框中单击"浏览"按钮，找到文件夹中的 AspNetPager.dll，选中后单击"打开"按钮，然后单击"确定"按钮，AspNetPager 分页控件出现在工具箱的"标准"栏中，如图 7-9 所示。

图 7-7 "选择项"命令

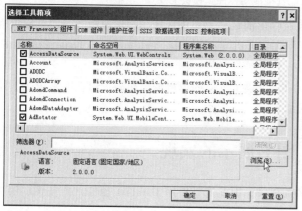

图 7-8 "选择工具箱项"对话框

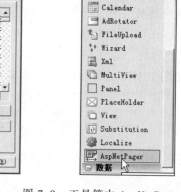

图 7-9 工具箱中 AspNetPager 分页控件

- 从"工具箱"的"标准"栏中把 AspNetPager 控件拖动到窗体中并设置属性如下：

```
NumericButtonCount: 3
FirstPageText: 首页
LastPageText: 尾页
NextPageText: 下一页
PrevPageText: 上一页
```

（5）在当前项目下新建 images 文件夹，并把要用到的图片复制到 images 文件夹中。

（6）编写代码，主要代码如下：

```csharp
…
   using System.Data.SqlClient;
…
   protected void Page_Load(object sender, EventArgs e)
   {
     if(!IsPostBack)
     {
       bind(0);
     }
   }
   public void bind(int pageIndex)
   {
      int pageSize=4;                                    //每页显示4条记录
      //创建数据集
      string connStr="server=(local);uid=sa;pwd=;database=bookshop";
      SqlConnection conn=new SqlConnection(connStr);
      string sql="SELECT bookID,book.categoryID,ISBN,bookName,bookImage,
          price FROM book,category where book.categoryID=category.categoryID";
      SqlDataAdapter da=new SqlDataAdapter(sql, conn);
      DataSet ds=new DataSet();
      da.Fill(ds);
      //设置分页控件
      AspNetPager1.RecordCount=ds.Tables[0].Rows.Count;   //总记录数
      AspNetPager1.PageSize=pageSize;                     //每页记录数
      AspNetPager1.CustomInfoHTML=" 总页数: <b>"+AspNetPager1.PageCount.
          ToString()+"</b>";
      PagedDataSource pds=new PagedDataSource();
      //设置分页对象的数据源
      pds.DataSource=ds.Tables[0].DefaultView;
      //启用分页功能
      pds.AllowPaging=true;
      //每页行数
        pds.PageSize=pageSize;
        //设置分页对象的当前页的索引
        pds.CurrentPageIndex=pageIndex;
        DataList1.DataSource=pds;
        DataList1.DataBind();
   }

   protected void AspNetPager1_PageChanged(object sender, EventArgs e)
   {
```

```
        bind(AspNetPager1.CurrentPageIndex-1);
    }
```

习 题

1. <%# %> 和 <% %> 有什么区别？
2. Repeater 控件有哪几个模板？各起什么作用？
3. DataList 控件有哪几个模板？各起什么作用？
4. 如何使用 DataList 控件一行显示多条记录？
5. 根据图书展示页面，在空格处填入合适的代码：

```
public void bind(int pageIndex)
{
    int pageSize=4;                                             //每页显示 4 条记录
    //创建数据集
    string connStr="server=(local);uid=sa;pwd=;database=bookshop";
    SqlConnection conn=new SqlConnection(connStr);
    string sql="SELECT bookID,book.categoryID,ISBN,bookName,bookImage,
       price FROM book,category where book.categoryID=category.categoryID";
    SqlDataAdapter da=new SqlDataAdapter(sql, conn);
    DataSet ds=new DataSet();
    da.Fill(ds);
    //设置分页控件
    AspNetPager1.RecordCount=ds.Tables[0].Rows.Count;  //总记录数
    _____=pageSize;                                        //每页记录数
    AspNetPager1.___=" 总页数: <b>"+AspNetPager1.PageCount.ToString()+"</b>";
    PagedDataSource pds=new PagedDataSource();
    //设置分页对象的数据源
    pds._____=ds.Tables[0].DefaultView;
    //启用分页功能
    pds._____=true;
    //每页行数
    pds._____=pageSize;
    //设置分页对象的当前页的索引
    pds._____=pageIndex;
    DataList1.DataSource=pds;
    DataList1.DataBind();
}
protected void AspNetPager1_PageChanged(object sender, EventArgs e)
{
    bind(AspNetPager1._____-1);
}
```

6. 上机调试本章例题。
7. 上机完成图书展示页面。

第 8 章　图书维护

在信息系统中对信息的列表显示与处理是常见的操作，为此 ASP.NET 提供了 GridView 控件。GridView 控件功能强大，几乎不用编写代码就可以实现显示、排序、分页、删除和编辑等功能，这些功能需要 SqlDataSource 控件的配合。

本章目标	☑ 掌握 SqlDataSource 控件的使用方法 ☑ 掌握 GridView 控件的常用属性与事件 ☑ 掌握 GridView 控件的各绑定列的使用方法 ☑ 掌握 GridView 控件的分页、排序与编辑

8.1　情景分析

图 8-1 和图 8-2 所示为网上书店中对图书信息进行管理的简单页面。

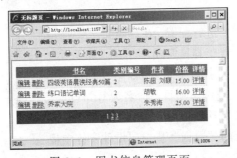

图 8-1　图书信息管理页面

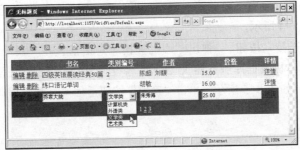

图 8-2　图书信息管理的编辑页面

该页面具有如下功能：
- 显示图书信息。
- 单击列标题可以排序。
- 单击"删除"超链接可以删除对应行。
- 单击"详情"超链接可以查看对应行图书的详细信息。
- 可以分页显示。
- 单击"编辑"超链接可以进入"修改"状态，其中的"类别编号"用下拉列表框进行编辑，如图 8-2 所示。

在 ASP.NET 中可以用 GridView 控件很方便地实现这些功能。

8.2 数据源控件

数据源控件提供一种从数据库获取数据的方法，以及从用户界面进行添加、删除、更新和排序等操作的方法，并且这种方法不需要编写更多的代码。

数据源控件可以连接不同类型的数据源，如数据库、XML文档和商务中间件等，但设计人员可以采用相同或相似的方法处理数据，而不必关心数据源属于什么类型。"工具箱"的"数据"栏中包含多种数据源控件，如图 8-3 所示。

Web 数据绑定控件可以通过使用 SqlDataSource 等数据源控件访问位于关系数据库。可为 SqlDataSource 控件指定 4 个命令（SQL 查询），即 SelectCommand、UpdateCommand、DeleteCommand 和 InsertCommand，每个命令都是数据源控件的一个单独的属性。

使用数据源控件之前需要进行配置，在智能向导（Wizard）的指引下，数据源控件的配置很容易完成。

例如：利用 SqlDataSource 控件显示 Books 表中的数据。

（1）新建一个 ASP.NET 空网站项目，命名为 GridView。

（2）添加一个页面,命名为 Default.aspx；切换到 Default.aspx的"设计"视图，从工具箱的"数据"栏中向设计窗体中拖放一个 SqlDataSource 控件。

图 8-3 工具箱的"数据"栏

（3）单击 SqlDataSource 右上角的箭头图标，再单击"配置数据源"超链接，弹出"配置数据源"对话框，如图 8-4 所示。

（4）单击"新建连接"按钮，弹出"添加连接"对话框；在"添加连接"对话框中设置服务器名为"."（表示本机数据库服务器），数据库名设置为 bookshop，并且选中"使用 Windows 身份验证"单选按钮，如图 8-5 所示。单击"确定"按钮返回"配置数据源"对话框，如图 8-6 所示。

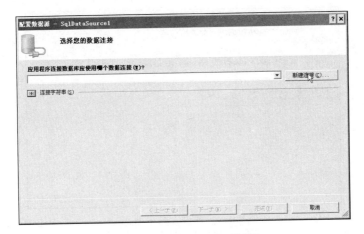

图 8-4 "配置数据源"对话框 1

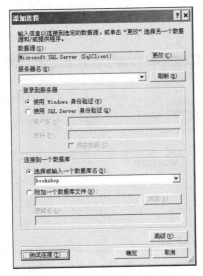

图 8-5 "添加连接"对话框

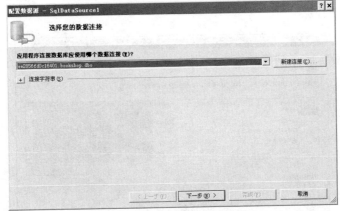

图 8-6 "配置数据源"对话框 2

(5) 单击"下一步"按钮, 弹出如图 8-7 所示的保存连接字符串对话框。

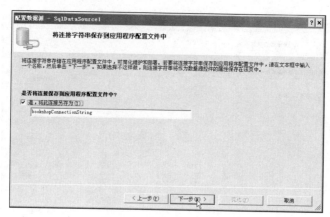

图 8-7　保存连接字符串

（6）单击"下一步"按钮，在"配置 Select 语句"对话框中设置"名称"为 book，并在"列"列表框中选中 bookID、book Name、categoryID、author 和 price 复选框，然后单击"下一步"按钮，如图 8-8 所示。

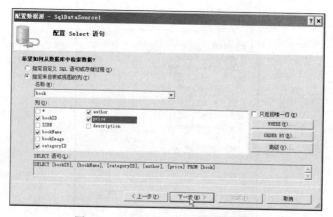

图 8-8　"配置 Select 语句"对话框

（7）在"测试查询"对话框中单击"测试查询"按钮（见图 8-9），即可显示查询的结果，然后单击"完成"按钮。

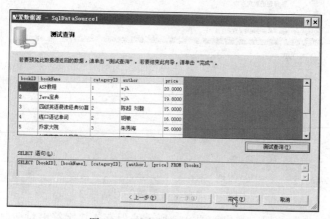

图 8-9　"测试查询"对话框

（8）从工具箱的"数据"栏中向设计窗体中拖放一个 GridView 控件，单击 GridViewl 控件右上角的箭头图标，设置 DataSourceID 属性为 SqlDataSource1，如图 8-10 所示。

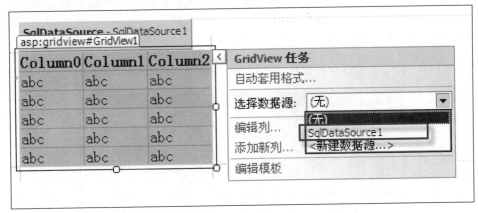

图 8-10　设计页面

经过以上操作，系统生成的 body 部分的代码如下：

```
<body>
    <form id="form1" runat="server">
    <div>
        <asp:SqlDataSource ID="SqlDataSource1" runat="server" Connection
            String="<%$ ConnectionStrings:bookshopConnectionString %>"
        SelectCommand="SELECT [bookID], [bookName], [categoryID], [author],
            [price] FROM [books]">
        </asp:SqlDataSource>
    </div>
        <asp:GridView ID="GridView1" runat="server" AutoGenerateColumns=
        "False" DataSourceID="SqlDataSource1">
            <Columns>
                <asp:BoundField DataField="bookID" HeaderText="bookID"
                SortExpression="bookID"/>
                <asp:BoundField DataField="bookName" HeaderText="bookName"
                    SortExpression="bookName" />
                <asp:BoundField DataField="categoryID" HeaderText=
                    "categoryID" SortExpression="categoryID" />
                <asp:BoundField DataField="author" HeaderText="author"
                    SortExpression="author" />
                <asp:BoundField DataField="price" HeaderText="price"
                    SortExpression="price" />
            </Columns>
        </asp:GridView>
    </form>
</body>
```

在 Web.config 中的<connectionStrings>…</connectionStrings>中会增加如下连接设置：

```
<connectionStrings>
    <add name="bookshopConnectionString" connectionString="Data Source=.;
    Initial Catalog=bookshop;Integrated Security=True" providerName=
    "System.Data.SqlClient"/>
</connectionStrings>
```

(9)按【Ctrl+F5】组合键运行程序,运行结果如图 8-11 所示。

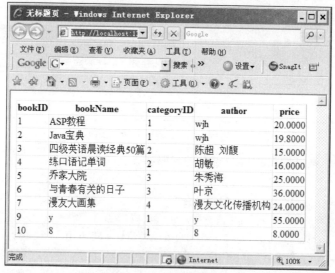

图 8-11　运行结果页面

8.3　GridView 控件

8.3.1　GridView 控件简介

　　GridView 控件是 ASP.NET 1.x 中 DataGrid 控件的后继者,它提供了相同的基本功能集,同时增加了大量扩展和改进,实现双向数据绑定。GridView 控件与新的数据源控件系列紧密结合,而且只要底层的数据源对象支持,它还可以直接处理数据源更新。

　　有两种方式可以对 GridView 控件进行数据绑定:一种是通过该控件的 DataSourceID 属性进行数据绑定;另一种是使用 GridView 控件的 DataSource 属性进行数据绑定。使用前一种方式可以直接绑定到数据源控件上,这种方式比较简单,并可以方便地进行各种数据操作和分页。使用后一种方式可以绑定到 ADO.NET 对象的数据集中,但对数据的各种操作都要另外编写代码来实现。

8.3.2　GridView 控件的常用属性

　　GridView 控件支持大量属性,这些属性属于行为、可视化设置、样式、状态和模板等类别。GridView 控件的属性及说明如表 8-1 所示。

表 8-1 GridView 控件的属性及说明

属　性	说　明
AllowPaging	指示该控件是否支持分页
AllowSorting	指示该控件是否支持排序
AutoGenerateColumns	指示是否自动地为数据源中的每个字段创建列。默认为 true
DataMember	指示一个多成员数据源中的特定表绑定到该网格上，该属性与 DataSource 结合使用。如果 DataSource 有一个 DataSet 对象，则该属性包含要绑定的特定表的名称
DataSource	获得或设置包含用来填充该控件的值的数据源对象
DataSourceID	所绑定的数据源控件
AlternatingRowStyle	每隔一行的样式属性
EditRowStyle	正在编辑的行的样式属性
FooterStyle	页脚的样式属性
HeaderStyle	标题的样式属性
EmptyDataRowStyle	空行的样式属性，在 GridView 绑定到空数据源时生成
PagerStyle	分页器的样式属性
RowStyle	行的样式属性
SelectedRowStyle	定义当前所选行的样式属性
BackImageUrl	指示要在控件背景中显示的图像的 URL
Caption	在该控件的标题中显示的文本
CaptionAlign	标题文本的对齐方式
CellPadding	指示一个单元的内容与边界之间的间隔（以像素为单位）
CellSpacing	指示单元之间的间隔（以像素为单位）
GridLines	指示该控件的网格线样式
HorizontalAlign	指示该页面上控件的水平对齐
EmptyDataText	指示当该控件绑定到一个空的数据源时生成的文本
PagerSettings	引用一个允许设置分页器按钮的属性的对象
ShowFooter	指示是否显示页脚行
ShowHeader	指示是否显示标题行
EmptyDataTemplate	指示该控件绑定到一个空的数据源时要生成的模板内容。如果该属性和 EmptyDataText 属性都设置了，则该属性优先采用。如果两个属性都没有设置，则把该网格控件绑定到一个空的数据源时不生成该网格
Columns	该网格中的列的对象的集合。如果这些列是自动生成的，则该集合总是空的
DataKeyNames	包含当前显示项的主键字段的名称的数组
DataKeys	在 DataKeyNames 中为当前显示的记录设置的主键字段的值
EditIndex	基于 0 的索引，标识当前以编辑模式生成的行
PageCount	显示数据源的记录所需的页面数
PageIndex	基于 0 的索引，标识当前显示的数据页
PageSize	指示在一个页面上要显示的记录数
Rows	该控件中当前显示的数据行的 GridViewRow 对象集合

续表

属性	说明
SelectedDataKey	返回当前选中的记录的 DataKey 对象
SelectedIndex	标识当前选中行的基于 0 的索引
SelectedRow	当前选中行的 GridViewRow 对象
SelectedValue	返回 DataKey 对象中存储的键的显示值

8.3.3　GridView 控件的数据绑定列

GridView 控件的数据绑定列类型丰富，共包括 7 种类型，如表 8-2 所示。

表 8-2　GridView 控件的绑定列

类型	说明
BoundField	默认的列类型，作为纯文本显示一个字段的值
ButtonField	作为命令按钮显示一个字段的值，可以选择链接按钮或按钮开关样式
CheckBoxField	作为一个复选框显示一个字段的值，通常用来生成布尔值
CommandField	ButtonField 的增强版本，表示一个特殊的命令，如 Select、Delete、Insert 或 Update。该属性对 GridView 控件几乎没什么用，该字段是为 DetailsView 控件定制的
HyperLinkField	作为超链接显示一个字段的值
ImageField	作为一个 HTML 标签<img>的 Src 属性显示一个字段的值，绑定字段的内容应该是物理图像的 URL
TemplateField	为列中的每一项显示用户定义的内容。当用户需要创建一个定制的列字段时，则使用该列类型。模板可以包含任意多个数据字段，还可以结合文字、图像和其他控件

表 8-3 所示为 GridView 列支持的模板及说明。

表 8-3　GridView 列支持的模板及说明

模板	说明
AlternatingItemTemplate	定义交替行的内容和外观。如果没有规定该模板，则使用 ItemTemplate
EditItemTemplate	定义当前正在编辑的行的内容和外观。该模板应当包含输入字段，而且还可能包含验证程序
FooterTemplate	定义该行的页脚的内容和外观
HeaderTemplate	定义该行的标题的内容和外观
ItemTemplate	定义该行的默认内容和外观

表 8-4 所示为 GridView 列的公共属性及说明。

表 8-4　GridView 列的公共属性及说明

属性	说明
FooterStyle	该列的页脚的样式对象
FooterText	该列的页脚的文本
HeaderImageUrl	放在该列标题中的图像的 URL
HeaderStyle	该列标题的样式对象
HeaderText	该列标题的文本

续表

属性	说明
ItemStyle	各列的单元的样式对象
ShowHeader	是否生成该列的标题
SortExpression	该列的标题被单击时用来排序网格内容的表达式

8.4 利用数据源控件实现图书维护

8.4.1 GridView 控件的排序和分页

具体操作步骤如下:

(1) 在 Visual Studio 2010 中打开例 8-1 所创建的 GridView 网站。

(2) 修改外观: 单击 GridViewl 控件右上角的箭头图标,再单击"自动套用格式"超链接,弹出"自动套用格式"对话框。选择"选择架构"列表框中的选项,右边的"预览"窗格中将显示出该方案所对应的显示界面。逐个选择左边的方案,直到选择一个合适的方案为止。最后单击"确定"按钮,即完成了模板的设置工作。

(3) 设置列。单击 GridViewl 控件右上角的箭头图标,再单击"编辑列"超链接,弹出"字段"对话框。

由于 bookID 列无须显示,在"字段"对话框的"选定的字段"列表框中选择 bookID 选项,然后在"BoundField 属性"选项组中将其 Visible 设为 False。

- 设置列的标题。在"字段"对话框的"选定的字段"列表框中选择 bookName 选项,然后在"BoundField 属性"选项组中将其 HeaderText 设为"书名",如图 8-12 所示。同理,设置其他列的标题为"类别编号""作者"和"价格"。

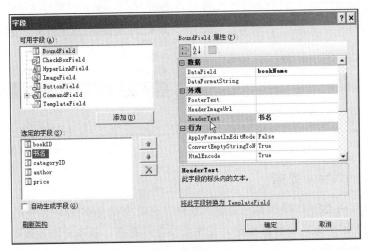

图 8-12 "字段"对话框

- 设置价格的显示格式。在"字段"对话框中选定 price 字段,设置其 DataFormatString 属性为格式字符串"{0:F2}"。出于安全性的考虑,还要同时设置 HtmlEncode 属性为 False,ASP.NET 2.0 才能使 DataFormatString 生效,然后单击"确定"按钮,如图 8-13 所示。

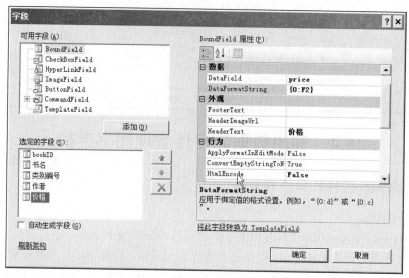

图 8-13　设置字段输出格式

进行如上设置后，其运行结果如图 8-14 所示。

（4）启用排序与分页。单击 GridView1 右上角的箭头图标，然后选中"启用分页"与"启用排序"复选框，并将 GridView1 控件的 PageSize 属性设置为 3。

（5）按【F5】键调试运行，效果如图 8-15 所示，单击列标题可以排序；单击分页导航中的数字可以转到相应的页面。

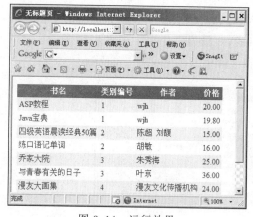

图 8-14　运行效果

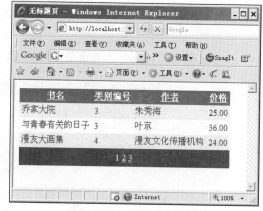

图 8-15　调试运行效果

8.4.2　编辑 GridView 数据

前面所有的 Web 数据库项目都只是显示数据，这是 Web 应用程序常见的操作。Web 应用程序不会自动配置用于更新的数据绑定。要想允许进行更新，就需要改变数据源的配置。

（1）单击 SqlDataSource1 控件右上角的箭头图标，再单击"配置数据源"超链接，弹出"配置数据源"对话框。单击"下一步"按钮，弹出"配置 Select 语句"对话框，如图 8-16 所示。

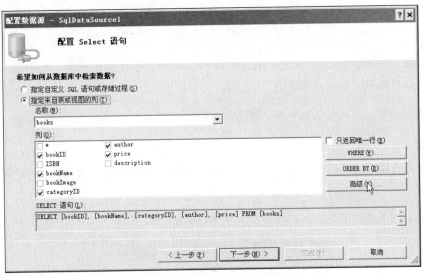

图 8-16 "配置 Select 语句"对话框

（2）单击"高级"按钮，在弹出的"高级 SQL 生成选项"对话框中选中"生成 INSERT、UPDATE 和 DELETE 语句"复选框（见图 8-17），系统将自动产生插入（Insert）、更新（Update）和删除（Delete）SQL 语句。

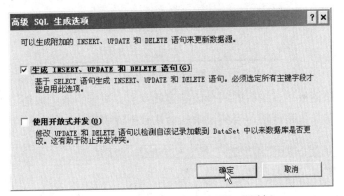

图 8-17 "高级 SQL 生成选项"对话框

（3）单击"确定"按钮，然后单击"下一步"按钮，直至完成。系统提示是否清除 GridView1 中的设置，单击"否"按钮即可，如图 8-18 所示。

图 8-18 选择不刷新 GridView1 中的设置

现在进入"源"视图就可以看到系统不仅已经生成了编辑数据表的 SQL 语句，同时还生成了参数赋值的语句。

（4）单击 GridView1 控件右上角的箭头图标，再选中"启用编辑"和"启用删除"复选框。

选择这两个选项会在网格中添加一个新列，其中包含"编辑"和"删除"超链接。

> **提　示**
>
> 只有在 SqlDataSource 中设置了 Insert、Update、Delete 的 SQL 语句，GridView 控件才会允许"启用编辑"和"启用删除"。

（5）设置主键。在 GridView1 的"属性"窗格中设置 DataKeyNames 为 bookID。

> **提　示**
>
> 如果要通过 GridView 控件编辑数据，那么在 SqlDataSource 查询的数据列中必须要有主键存在。

（6）按【F5】键调试运行，运行效果如图 8-19 所示。

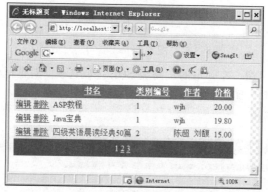

图 8-19　运行效果

单击"编辑"超链接后，该行的两个超链接就变成"更新"和"取消"，如图 8-20 所示。如果用户单击了"删除"超链接，当前记录就会从数据库中删除。

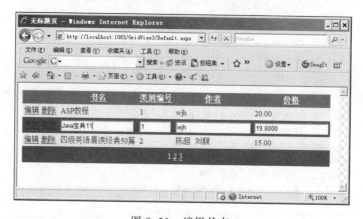

图 8-20　编辑状态

8.4.3　在 GridView 中使用下拉列表

在编辑与显示时，用户希望类别显示的是具体的名称而不是代码，可以使用模板列来实现这个功能。当将某列转换成模板列时，就意味着可以为该列设置多种不同的状态（如被选择状态、编辑状态等），并为不同的状态添加控件和方法。

（1）把类别列转换成模板列。在"字段"对话框中选中左下方的"类别编号"选项，然后单击对话框右下角的"将此字段转化为 TemplateField"超链接，如图 8-21 所示。

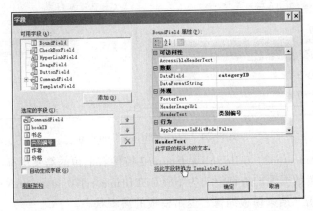

图 8-21　将"类别编号"字段转化为 TemplateField

（2）单击 GridView1 控件右上角的箭头图标，再单击"编辑模板"超链接，如图 8-22 所示。

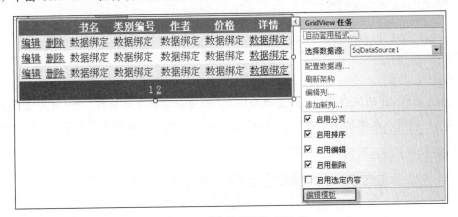

图 8-22　"编辑模板"超链接

（3）在模板编辑对话框中选择 EditItemTemplate 选项，如图 8-23 所示。

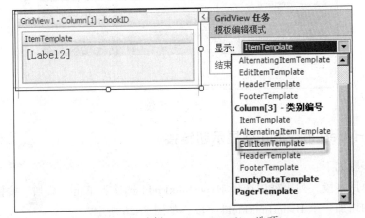

图 8-23　选择 EditItemTemplate 选项

（4）删除 TextBox1 控件，并拖入一个 DropDownList 控件和一个 SqlDataSource 控件，如图 8-24 所示。

图 8-24 设计 EditItemTemplate

（5）设置 SqlDataSource2。单击 SqlDataSource2 控件右上角的箭头图标，再单击"配置数据源"超链接，然后设置数据源的查询语句为"SELECT [categoryID], [categoryName] FROM [category]"。设置完成后，单击"结束模板编辑"退出模板的编辑状态。

（6）切换到"源"视图，对 DropDownList1 进行如下设置：

```
<asp:DropDownList ID="DropDownList1" runat="server" DataSourceID=
   "SqlData Source2"
   DataTextField="categoryName" DataValueField="categoryID" selectedValue
      ='<%# Bind("categoryID") %>'>
</asp:DropDownList>
```

> **提 示**
>
> #Bind 与 #Eval 的区别是，Bind 是双向绑定，既可以读取显示数据，也可配合数据编辑，可以把用户的输入反映到数据库中。#Eval 为只读，只能读取数据用于显示。

（7）按【F5】键运行程序，效果如图 8-25 所示。

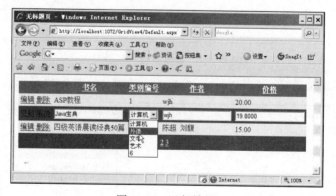

图 8-25 运行效果

8.4.4 使用 HyperLinkField 列显示超链接

具体操作步骤如下：

（1）在"可用字段"列表框中选择 HyperLinkField 选项，单击"添加"按钮，在"选定的字段"列表框中增加一个 HyperLinkField 字段，如图 8-26 所示。

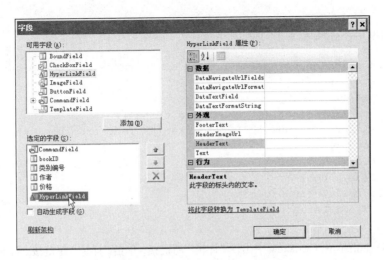

图 8-26 增加一个 HyperLinkField 字段

（2）选择"选定的字段"列表框中的 HyperLinkField 字段，并进行如下设置，如图 8-27 所示。

- DataNavigateUrlFields：bookID。
- DataNavigateUrlFormatString：showInfo.aspx?bookid={0}。
- DataTextField：bookName。
- HeaderText：详情。
- DataTextFormatString：详情。

说明：showInfo.aspx?bookid={0}中的{0}是一个占位符，运行时相应行 bookID 字段的值填充到该位置。

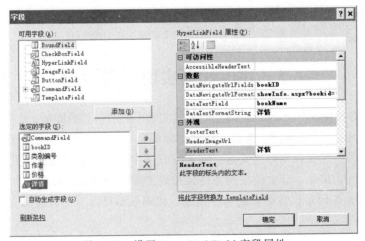

图 8-27 设置 HyperLinkField 字段属性

（3）向网站中添加一个网页 showInfo.aspx。
（4）从"工具箱"的"数据"栏中拖动一个 DetailsView 控件到 showInfo.aspx 页面上。
（5）双击 showInfo.aspx 页面，为其 Page_Load 事件编写如下代码：

```
using System.Data.SqlClient;
```

```
...
protected void Page_Load(object sender,EventArgs e)
{
    SqlConnection conn=new SqlConnection("server=.;database=bookshop;
    integrated security=true");
    conn.Open();
    string bookid=Request["bookid"].ToString();
    SqlDataAdapter da=new SqlDataAdapter("select*from book where bookid="+
    bookid,conn);
    DataSet ds=new DataSet();
    da.Fill(ds, "book");
    DetailsView1.DataSource=ds;
    DetailsView1.DataBind();
}
```

（6）运行 Default.aspx，GridView 中出现 "详情" 超链接，单击 "详情" 超链接，转向 showInfo.aspx 页面，显示对应行的图书信息，如图 8-28 所示。

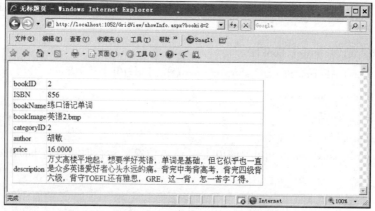

图 8-28 显示 bookID 为 2 的图书的详细信息

8.5 利用代码实现图书维护

前面用数据源控件 SqlDataSource 绑定的方式实现了图书信息的维护，无须一行代码就实现了图书表数据的列表显示、删除、修改、排序、分页等功能，大大提高了开发效率，但是这种方式存在不够灵活、维护性不好的缺点，在实际开发中更多的是通过编写代码来实现这些功能。在删除、修改、排序、分页的按钮或链接被点击时，会触发相应的事件，GridView 控件常用的事件如表 8-5 所示，在相应的事件里编写代码就即可。下面以代码方式实现图书信息的维护功能。

表 8-5 GridView 控件常用的事件及说明

事　件	说　明
PageIndexChanging,PageIndexChanged	在网格控件处理分页操作之前和之后激发
RowCancelingEdit	在该行退出编辑模式之前发生
RowCommand	单击一个按钮时发生

续表

事 件	说 明
RowCreated	创建一行时发生
RowDataBound	一个数据行绑定到数据时发生
RowDeleting、RowDeleted	在该网格控件删除行之前和之后激发
RowEditing	进入编辑模式之前发生
RowUpdating、RowUpdated	网格控件换行之前和之后激发
SelectedIndexChanging、SelectedIndexChanged	网格控件处理选择操作之前和之后激发
Sorting、Sorted	网格控件处理排序操作之前和之后激发

（1）打开前面创建的 GridView 网站。

（2）取消绑定数据源。

- 打开 Default.aspx，删除 SqlDataSource1 控件。
- 把 GridView1 的 DataSourceID 改为空。

类别编号列的 ItemTemplate 修改如下：

```
<ItemTemplate>
    <asp:Label ID="Label2" runat="server" Text='<%# Bind("categoryName")
        %>'></asp:Label>
</ItemTemplate>
```

（3）编写如下代码：

```csharp
using System;
using System.Data;
using System.Configuration;
using System.Web;
using System.Web.Security;
using System.Web.UI;
using System.Web.UI.WebControls;
using System.Web.UI.WebControls.WebParts;
using System.Web.UI.HtmlControls;
using System.Data.SqlClient;
public partial class _Default : System.Web.UI.Page
{
    string connStr = "server=(local);database=bookshop;integrated security=
        true";
    protected void Page_Load(object sender, EventArgs e)
    {
        if (!IsPostBack)
            bind();
    }
    //删除按钮单击事件
    protected void GridView1_RowDeleting(object sender, GridViewDeleteEventArgs e)
    {
        SqlConnection conn=new SqlConnection(connStr);
        string sqlstr="delete from book where id='" + GridView1.DataKeys
            [e.RowIndex].Value.ToString() + "'";
        SqlCommand cmd=new SqlCommand(sqlstr, conn);
```

```csharp
        conn.Open();
        cmd.ExecuteNonQuery();
        conn.Close();
        GridView1.EditIndex = -1;
        bind();
    }

    //编辑按钮单击事件
    protected void GridView1_RowEditing(object sender, GridViewEditEventArgs e)
    {
        GridView1.EditIndex=e.NewEditIndex;

        bind();
    }

    //更新按钮单击事件
    protected void GridView1_RowUpdating(object sender, GridViewUpdateEventArgs e)
    {
        SqlConnection conn=new SqlConnection(connStr);
        string sql = "UPDATE  book SET bookName='{0}',categoryID={1}, author=
            '{2}',price={3}  where bookID={4} ";

        string bookName = ((TextBox)(GridView1.Rows[e.RowIndex].Cells[2].
            Controls[0])).Text;

     //取出下拉列表中的类别信息
        string categoryID=((DropDownList)(GridView1.Rows[e.RowIndex]. Cells[3].
            FindControl("DropDownList1"))).Text;
        string author=((TextBox)(GridView1.Rows[e.RowIndex].Cells[4]. Controls
            [0])).Text;
        string price=((TextBox)(GridView1.Rows[e.RowIndex].Cells[5]. Controls
            [0])).Text;
        string id=GridView1.DataKeys[e.RowIndex].Value.ToString();
        sql = string.Format(sql, bookName, categoryID, author, price,id);
        SqlCommand cmd=new SqlCommand(sql, conn);
        conn.Open();
        cmd.ExecuteNonQuery();
        conn.Close();
        GridView1.EditIndex=-1;
        bind();
    }
    //绑定数据
    void bind()
    {
        SqlConnection conn=new SqlConnection(connStr);
        string sql="SELECT book.*,category.categoryName FROM book,category
            where book.categoryID=category.categoryID  ";
        if (ViewState["order"] != null)    //如果需要排序
           sql=sql + ViewState["order"].ToString();
```

```
        SqlDataAdapter da=new SqlDataAdapter(sql, conn);
        DataSet ds=new DataSet();
        da.Fill(ds);
        GridView1.DataSource=ds.Tables[0];
        GridView1.DataBind();
    }
    //取消按钮单击事件
    Protected void GridView1_RowCancelingEdit(object sender, GridViewCancelE
        ditEventArgs e)
    {
        GridView1.EditIndex=-1;
        bind();
    }
    //分页链接按钮单击事件
    Protected void GridView1_PageIndexChanging(object sender, GridViewPageEv
        entArgs e)
    {
        GridView1.PageIndex=e.NewPageIndex;
        bind();
    }
    //排序链接按钮单击事件
    protected void GridView1_Sorting(object sender, GridViewSortEventArgs e)
    {
        ViewState["order"]=" order by " + e.SortExpression + " ASC ";
    //排序信息保持在从ViewState["order"]中

        bind();
    }
}
```

习　题

1. 数据源控件有什么作用？
2. GridView 控件支持哪些列类型？
3. 如何使用 GridView 控件分页？
4. 要使 GridView 控件的数据能够编辑，如何设置 SqlDataSource？
5. GridView 控件提供哪些事件？分别响应什么事件？
6. 上机调试本章例题。
7. 上机完成图书维护页面。

第 9 章 图书信息修改

第 8 章介绍了使用 GridView 控件对信息进行显示与编辑，GridView 控件主要是对多条记录进行操作。ASP.NET 也提供了 FormView 等控件来快速维护单条记录。

本章目标	☑ 掌握 FormView 控件的使用方法 ☑ 掌握 FileUpload 控件的使用方法 ☑ 掌握 FormView 控件绑定实现图书信息修改 ☑ 掌握用代码实现图书信息修改

9.1 情景分析

信息的添加和修改是信息系统中常见的操作，网上书店中有图书上架与图书信息修改的操作，与处理多条记录的信息列表不同，这是对单条记录的处理。与此对应，ASP.NET 提供了维护单条记录的 FormView 控件，这个控件可以方便地进行单条记录的添加与修改操作。下面介绍图书信息修改页面的实现方法，该页面如图 9-1 所示。

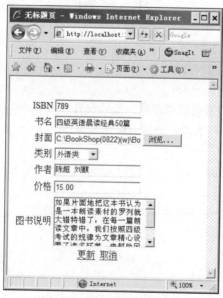

图 9-1 图书信息修改页面

9.2　FormView 控件

FormView 控件是一次显示一条记录，FormView 控件没有预先定义数据布局，需要创建一个包含控件的模板来显示记录中的字段。FormView 控件有 3 种形式显示数据记录，分别为编辑、查看和添加一条新记录。

下面列出了 FormView 控件的一些常用属性：

- AllowPaging：是否允许分页。如果设为真，则允许分页。分页链接可以通过各种分页属性自定义。
- DataKeyNames：数据源的键字段。
- DataSourceID：对应 SqlDataSource 元素的 ID。
- DefaultMode：控件的默认行为。可能的值包括 ReadOnly、Insert 和 Edit。
- EmptyDataText：空数据值时显示的文本。

FormView 控件的数据通过模板显示，它主要使用 5 个模板：

- ItemTemplate：查看数据时的模板。
- EditItemTemplate：编辑记录时的模板。
- InsertItemTemplate：添加新记录时的模板。
- FooterTemplate：FormView 控件表格页脚部分显示的模板。
- HeaderTemplate：FormView 控件表格标题部分显示的模板。

【例 9-1】用 FormView 控件编辑 Category 表，运行效果如图 9-2～图 9-4 所示。

图 9-2　初始页面

图 9-3　编辑状态

图 9-4　新增页面

（1）新建一个名为 FormView 的网站项目。

（2）向 Default.aspx 页面拖入 SqlDataSource 组件，并配置数据源。在"配置 Select 语句"对话框的"名称"组合框中输入 category，在"列"列表框中选中"*"复选框，如图 9-5 所示。

（3）单击"高级"按钮，在"高级 SQL 生成选项"对话框中选中第一个复选框，如图 9-6 所示。

（4）从"工具箱"的"数据"栏中拖放一个 FormView 控件到 Default.aspx 页面中。单击 FormView 控件右上角的箭头图标，将"选择数据源"设为 SqlDataSource1，并选中"启用分页"复选框，如图 9-7 所示。

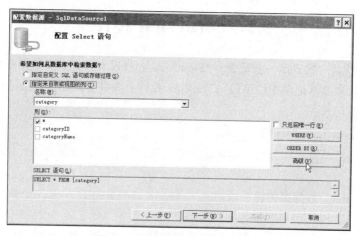

图 9-5 "配置 Select 语句"对话框

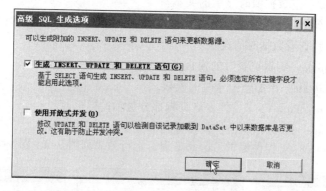

图 9-6 "高级 SQL 生成选项"对话框

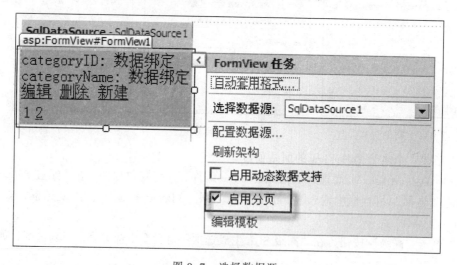

图 9-7 选择数据源

如果要修饰界面,可以单击图 9-7 中的"编辑模板"超链接,然后选择相应的模板进行编辑,如图 9-8 所示。

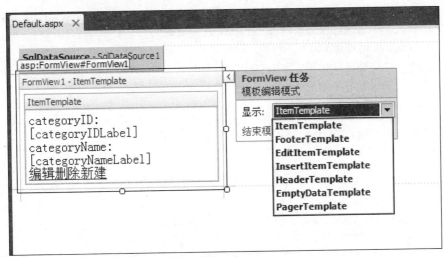

图 9-8　选择模板

经过以上操作，系统生成的代码如下：

```
<asp:SqlDataSource ID="SqlDataSource1" runat="server" ConnectionString=
    "<%$ ConnectionStrings:BookShopConnectionString %>" DeleteCommand=" DELETE
    FROM [category] WHERE [categoryID]=@categoryID" InsertCommand="INSERT
    INTO [category] ([categoryID], [categoryName]) VALUES (@categoryID,
    @categor- yName)" SelectCommand="SELECT * FROM [category]" UpdateCommand="
    UPDATE [ca- tegory] SET [categoryName]=@categoryName WHERE [categoryID]=
    @categoryID">
    <DeleteParameters>
        <asp:Parameter Name="categoryID" Type="Int32" />
    </DeleteParameters>
    <UpdateParameters>
        <asp:Parameter Name="categoryName" Type="String" />
        <asp:Parameter Name="categoryID" Type="Int32" />
    </UpdateParameters>
    <InsertParameters>
        <asp:Parameter Name="categoryID" Type="Int32" />
        <asp:Parameter Name="categoryName" Type="String" />
    </InsertParameters>
</asp:SqlDataSource>
<asp:FormView ID="FormView1" runat="server" AllowPaging="True" DataKeyNa-
    mes="categoryID" DataSourceID="SqlDataSource1">
    <EditItemTemplate>
        categoryID:
        <asp:Label ID="categoryIDLabel1" runat="server" Text='<%# Eval
            ("categoryID") %>'>
        </asp:Label><br />
        categoryName:
        <asp:TextBox ID="categoryNameTextBox" runat="server" Text='<%# Bind
            ("categoryName") %>'>
        </asp:TextBox><br />
```

```
            <asp:LinkButton ID="UpdateButton" runat="server" CausesValidation=
            "True" CommandName="Update"Text="更新">
            </asp:LinkButton>
            <asp:LinkButton ID="UpdateCancelButton"runat="server" CausesValidation=
                "False" CommandName="Cancel"
                Text="取消">
            </asp:LinkButton>
    </EditItemTemplate>
    <InsertItemTemplate>
            categoryID:
            <asp:TextBox ID="categoryIDTextBox" runat="server" Text='<%# Bind
                ("categoryID") %>'>
            </asp:TextBox><br />
            categoryName:
            <asp:TextBox ID="categoryNameTextBox" runat="server" Text='<%#Bind
                ("categoryName") %>'>
            </asp:TextBox><br />
            <asp:LinkButton ID="InsertButton" runat="server" CausesValidation=
            "True" CommandName="Insert"Text="插入">
            </asp:LinkButton>
            <asp:LinkButton ID="InsertCancelButton" runat="server"
                CausesValidation="False" CommandName="Cancel"
                Text="取消">
            </asp:LinkButton>
    </InsertItemTemplate>
    <ItemTemplate>
            categoryID:
            <asp:Label ID="categoryIDLabel" runat="server" Text='<%# Eval
                ("categ oryID") %>'>
            </asp:Label><br />
            categoryName:
            <asp:Label ID="categoryNameLabel" runat="server" Text='<%# Bind
                ("categoryName") %>'>
            </asp:Label><br />
            <asp:LinkButton ID="EditButton" runat="server" CausesValidation=
                "False" CommandName="Edit"
                Text="编辑">
            </asp:LinkButton>
            <asp:LinkButton ID="DeleteButton" runat="server" CausesValidation=
                "False" CommandName="Delete"Text="删除">
            </asp:LinkButton>
            <asp:LinkButton ID="NewButton" runat="server" CausesValidation=
                "False" CommandName="New"Text="新建">
            </asp:LinkButton>
    </ItemTemplate>
</asp:FormView>
```

（5）运行 Default.aspx 页面。

9.3 FileUpload 控件

FileUpload 控件用来在页面上显示一个<input type="file"/>标签，供用户选择并上传文件到服务器。FileUpLoad 控件的常用属性如表 9-1 所示。

表 9-1 FileUpload 控件的常用属性

属　性	数据类型	说　　明
FileBytes	Byte	获取上传文件的字节数组
FileContent	Stream	获取指向上传文件的 Stream 对象
FileName	String	获取上传文件在客户端的文件名称
HasFile	bool	表示 FileUpLoad 控件是否已经包含一个文件
PostedFile	HttpPostedFile	获取一个与上传文件相关的 HttpPostedFile 对象，使用该对象可获取上传文件的相关属性

通过 PostedFile 属性可以获得一个与上传文件相关的 HttpPostedFile 对象，使用该对象可以获得与上传文件相关的信息。例如，可以获得如下属性：

- ContentLength：上传文件的大小。
- ContentType：上传文件的类型。
- FileName：上传文件在客户端的完整路径（这个与 FileUpLoad 控件的 FileName 属性不同，FileUpLoad 控件的该属性只能获取文件名称）。

FileUpload 控件有一个核心方法 SaveAs(string filename)，其中 filename 是指保存在服务器中的上传文件的绝对路径。

要注意上传文件的大小，默认情况下，经 FileUpLoad 控件上传的文件的大小为 4 MB（4 096 KB）。可以使用 Web.config 中的<httpRuntime>配置节中的 maxRequestLength 属性设置上传文件的大小。

```
<system.web>
    <httpRuntime maxRequestLength="8000"/>
</system.web>
```

9.4 SqlDataSource 的参数

SqlDataSource 控件的命令不是一成不变的，很多情况下要在运行时动态改变命令，这就需要带参数的命令。SqlDataSource 控件对应各种命令有相应的参数对象，数据源控件有如下类型的参数：

- SelectParameters：为查询命令指定参数。
- InsertParameters：为插入命令指定参数。
- UpdateParameters：为更新命令指定参数。
- DeleteParameters：为删除命令指定参数。
- FilterParameters：为过滤器命令指定参数。

通过使用数据源控件参数对象，数据源控件可以方便地接受通过各个途径提供的数据作为数据源数据操作或者数据筛选时的参数。定制这些属性数值非常便捷，不需要编写代码。

SqlDataSource 控件参数来源有多种，如表 9-2 所示。

表 9-2　SqlDataSource 控件参数来源类型

参　　数	说　　明
ControlParameter	从一个服务器控件的任何公共属性获得该参数值
CookieParameter	根据指定的 HTTP Cookie 的内容设置参数值
FormParameter	从 HTTP 请求窗体的指定输入字段中获取该参数值
Parameter	获取由代码分配的参数值
ProfileParameter	从根据应用程序的个性化机制创建的配置文件对象中的指定属性获取该参数值
QueryStringParameter	从请求查询字符串中的指定变量获取该参数值
SessionParameter	根据指定的会话状态槽的内容设置该参数值

【例 9-2】编写一个图书查找窗体，输入书名，单击"查找"按钮即可显示相应的查询结果，如图 9-9 所示。

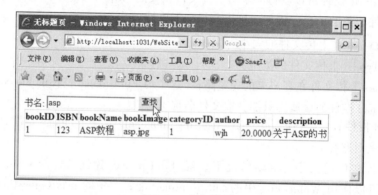

图 9-9　查询结果

（1）新建 1 个名为 parameter 的网站项目。

（2）向 Default.aspx 页面中拖入 1 个 SqlDataSource 控件、1 个 GridView 文本框和按钮，并在页面中输入文本"书名"，如图 9-10 所示。

图 9-10　设计 Default.aspx 页面

（3）选中 SqlDataSource1 控件，单击右上角的箭头图标，再单击"配置数据源"超链接。在"配置 Select 语句"对话框中设置 Select 语句为 SELECT * FROM [books]，如图 9-11 所示。

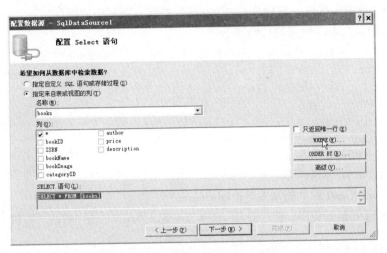

图 9-11 "配置 Select 语句"对话框

（4）单击 WHERE 按钮，在"添加 WHERE 子句"对话框（见图 9-12）中进行设置，单击"添加"按钮，结果如图 9-13 所示。该设置说明 bookName 参数的值来源于 TextBox1 控件的文本。

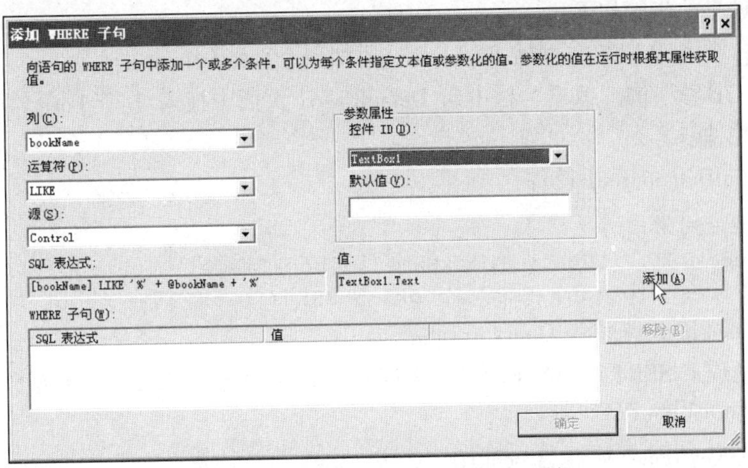

图 9-12 "添加 WHERE 子句"对话框

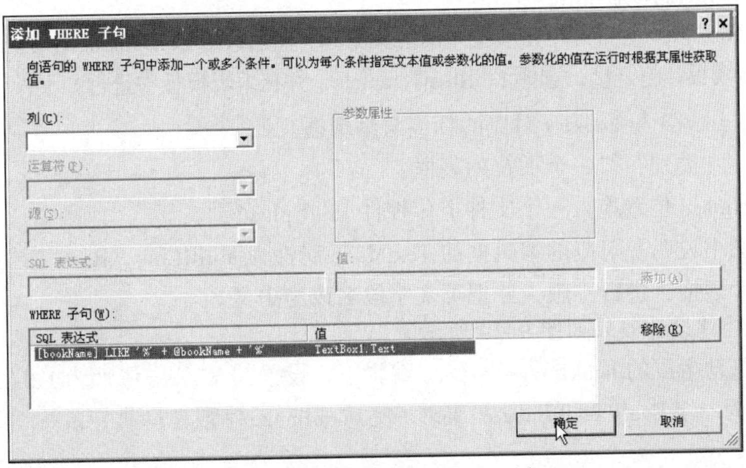

图 9-13 完成添加 WHERE 子句

（5）单击"确定"按钮，然后单击"下一步"按钮，直至完成操作。

生成的 SqlDataSource 网页的代码如下：

```
<asp:SqlDataSource ID="SqlDataSource1" runat="server" ConnectionString=
    "<%$ ConnectionStrings:BookShopConnectionString %>" SelectCommand="SELECT
    * FROM [books] WHERE ([bookName] LIKE '%'+@bookName+'%')">
    <SelectParameters>
        <asp:ControlParameter ControlID="TextBox1" Name="bookName" Prop
            ertyName="Text" Type="String" />
    </SelectParameters>
</asp:SqlDataSource>
```

（6）设置 GridView1 的数据源为 SqlDataSource1。

（7）按【F5】键运行程序，在"书名"文本框中输入 asp，单击"查找"按钮，结果如图 9-9 所示。

9.5 利用数据源控件实现图书信息修改

修改图书信息的步骤如下：

（1）新建一个 ASP.NET 空网站 BookEdit，添加一个页面 Default.aspx。

（2）从"工具箱"的"数据"栏中向 Default.aspx 页面中拖入 1 个 FormView 控件与 2 个 SqlDataSource 控件。

（3）设置 SqlDataSource1 控件：

- 设置查询语句为：

```
SELECT [bookID], [ISBN], [bookName], [bookImage], [categoryID], [author],
[price], [description] FROM [book] WHERE ([bookID] = @bookID)。
```

- 参数 @bookID 的来源为 QueryString。
- 选中"生成 INSERT UPDATE 和 DELETE 语句"复选框，使对应的数据源允许编辑。

（4）设置 FormView 控件：

- 设置 DataKeyNames 属性为 bookID。
- 设置 Default 属性为 Edit。

（5）选中 FormView 控件并单击右上角的箭头图标，然后设置 SqlDataSource 为 SqlDataSource1，接着单击"编辑模板"超链接，选择 EditItemTemplate，并在编辑模板中进行如下操作：

- 移去 categoryID 与 bookID 对应的标签与编辑框。
- 增加文本"类别"与一个下拉列表框。
- 在 bookImage 位置拖入一个文件上传控件 FileUpload。
- 设置"图书说明"对应的编辑框的 TextMode 属性为 MultiLine，Rows 属性为 5。
- 插入一个表格，进行排版，并把英文字段名改为中文。

FormView 控件设计效果如图 9-14 所示。

（6）修改自动生成的 bookImageTextBox 编辑框，设置其 Visible 属性为 False，使其不可见。设置 Text 属性为<%# Eval("bookImage") %>'，使 bookImage 字段单向绑定。

图 9-14 FormView 控件设计效果

（7）设置下拉列表框。

- 设置 SqlDataSource 为 2，其数据对应 SELECT [categoryID], [categoryName] FROM [category]。
- 设置"类别"对应的下拉列表框 DropDownList1：

```
<asp:DropDownList ID="DropDownList1" runat="server" DataSourceID="SqlDataSource2"
    DataTextField="categoryName" DataValueField="cat egoryID"
    selectedValue= '<%# Bind("categoryID") %>'> </asp:DropDownList>
```

（8）为 FormView1 的 ItemUpdating 事件编写如下代码：

```
protected void FormView1_ItemUpdating(object sender,FormViewUpdate EventArgs e)
{
    FileUpload theFileUpload=(FileUpload)FormView1.FindControl("FileUpload1");
    if(theFileUpload.HasFile)           //如果有上传文件
    {
        SqlDataSource1.UpdateParameters["bookImage"].DefaultValue=theFileUpload.
            FileName;
        theFileUpload.SaveAs(Server.MapPath("~/bookImages/"+theFileUpload.
            FileName));             //上传文件到指定目录
    }
     else
      {
        //如果没有上传文件,则保留原来的文件名
        SqlDataSource1.UpdateParameters["bookImage"].DefaultValue=((Text Box)
            FormView1.FindControl("bookImageTextBox")).Text;
      }


 }
```

（9）运行调试，注意在网址中加入参数，如修改 bookID 为 1 的图书，则输入 http://localhost:1312/ FormView/Default.aspx?bookid=1。

9.6 利用代码实现图书信息修改

采用数据源控件的方法，可以利用很少的代码实现功能；但项目开发中也常常会需要自己编写代码实现，下面介绍利用编写代码实现图书信息修改的方法。页面布局如图9-15所示。

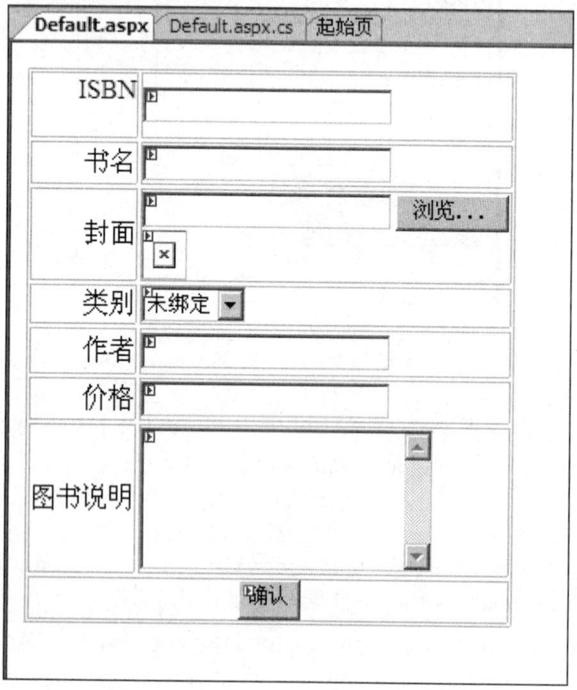

图 9-15 页面布局

代码如下：

```
using System;
using System.Data;
using System.Configuration;
using System.Web;
using System.Web.Security;
using System.Web.UI;
using System.Web.UI.WebControls;
using System.Web.UI.WebControls.WebParts;
using System.Web.UI.HtmlControls;
using System.IO;
using System.Data.SqlClient;
public partial class _Default : System.Web.UI.Page
{
    string connStr = "server=(local);database=bookshop;integrated security=true";
    protected void Page_Load(object sender, EventArgs e)
```

```csharp
{
    if (!IsPostBack)
    {
        if (Request["bookID"]==null)
        {
            Response.Write("请输入网址: Default.aspx?bookid=2");
            Response.End();
        }
        SqlConnection conn=new SqlConnection(connStr);
        DataSet ds=new DataSet();
        string sql="SELECT * FROM book where bookID= "+Request["bookID"].
            ToString();
        SqlDataAdapter da=new SqlDataAdapter(sql, conn);
        da.Fill(ds);
        ISBNTextBox.Text=ds.Tables[0].Rows[0]["ISBN"].ToString();
        bookNameTextBox.Text = ds.Tables[0].Rows[0]["bookName"].ToString();
        string categoryID=ds.Tables[0].Rows[0]["categoryID"].ToString();
        Image1.ImageUrl ="bookImages/"+ ds.Tables[0].Rows[0]["bookImage"].
            ToString();

        authorTextBox.Text=ds.Tables[0].Rows[0]["author"].ToString();
        priceTextBox.Text=ds.Tables[0].Rows[0]["price"].ToString();
        descriptionTextBox.Text=ds.Tables[0].Rows[0]["description"].ToString();
        sql="SELECT * from  category";
        da=new SqlDataAdapter(sql, conn);
        ds.Clear();
        da.Fill(ds);
        DropDownList1.DataSource=ds.Tables[0];
        DropDownList1.DataTextField="categoryName";
        DropDownList1.DataValueField="categoryID";
        DropDownList1.DataBind();
        DropDownList1.SelectedIndex= DropDownList1.Items.IndexOf (DropDownList1.
            Items.FindByValue(categoryID));
    }
}
protected void Button1_Click(object sender, EventArgs e)
{
    SqlConnection conn=new SqlConnection(connStr);
    string sql = "UPDATE  book SET ISBN='{0}', bookName='{1}', bookImage='{2}',
        categoryID='{3}',author='{4}',price={5},description='{6}' where
        bookID={7} ";
    string bookImage=Image1.ImageUrl.Substring( Image1.ImageUrl. IndexOf
        ("/")+1 );
    if(FileUpload1.HasFile)   //如果有上传文件
    {
        bookImage = FileUpload1.FileName;
        //上传文件到指定目录
        FileUpload1.SaveAs(Server.MapPath("~/bookImages/" + FileUpload1.
            FileName));
    }
```

```
        sql=string.Format(sql,ISBNTextBox.Text,bookNameTextBox.Text, bookImage,
           DropDownList1.Text,authorTextBox.Text,priceTextBox.Text,
           descriptionTextBox. Text, Request["bookID"].ToString());
        SqlCommand cmd=new SqlCommand(sql, conn);
        conn.Open();
        cmd.ExecuteNonQuery();
        conn.Close();
    }
}
```

习 题

1. Formview 控件与 GridView 控件有什么区别？

2. 简述 Formview 控件下列属性的含义：AllowPaging、DataKeyNames、DataSourceID、DefaultMode、EmptyDataText。

3. 用 FormView 控件对 BookShop 数据库中的 users 表进行数据编辑。

4. SqlDataSource 控件有哪些参数？

5. SqlDataSource 控件参数有哪些来源？

6. 如何控制上传文件的大小？

7. FileUpload 控件有哪些常用属性？含义是什么？

8. 上机调试本章例题。

9. 上机完成图书展示页面。

第 10 章 外观设计

一个网站应该有统一的外观,但对有大量网页的网站来说,这点并不容易做到。ASP.NET 的一些技术可以帮助我们实现这个目标。这些技术包括母版页、主题与外观和用户控件。

本章目标
- ☑ 掌握母版页的使用方法
- ☑ 掌握主题的使用方法
- ☑ 掌握用户控件的使用方法

10.1 母 版 页

10.1.1 情景分析

在网上书店系统中,各页面的头部、底部和左侧具有共同的内容。如果各个页面都单独设计头部、底部和左侧的内容,则编写与维护都非常麻烦。针对这种情况,可以采用母版页来简化页面设计。图 10-1 和图 10-2 所示为简化了的首页与图书浏览页面,从图中可见,两个页面的头部和底部相同,而中间内容区是变化的。下面利用母版页来实现这两个页面。

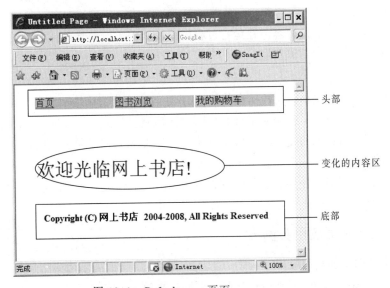

图 10-1 Default.aspx 页面

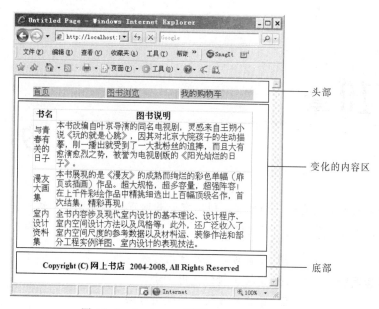

图 10-2 Book.aspx 页面

10.1.2 母版页概述

以前制作网站时，为了统一网页的结构和风格，总是将页面的头部和底部等分别制作成独立的文件，然后在各个页面中进行包含或者使用 Dreamweaver 提供的模板功能。在 ASP.NET 2.0 中提供了功能更加强大的母版页，使用母版页，开发者可以很轻松地实现网站界面的统一。

ASP.NET 2.0 中提供了母版页（Master 页面）来简化设计，母版页可以为应用程序中的所有页面定义标准的布局和操作方式。例如，整个网站都包括同样的格局、同样的页头、同样的页脚和同样的导航栏。使用 Master 页面的主要优点是可以在一个地方进行更新。

在实现一致性的过程中必须包含两个文件：母版页（.master）和内容页（.aspx）。母版页封装页面中的公共元素；内容页实际是普通的 .aspx 文件，内容页以 Master 页面为基础，包含除母版页之外的其他非公共内容。在运行过程中，ASP.NET 引擎将两种页面内容文件合并执行，最后将结果发送给客户端浏览器。

母版页的特点如下：

- 母版页也是页面，同样具有其他 .NET 页面的功能，只是扩展名为 .master。母版页的预定义布局中包含了其他使用母版页的文件都能包含的内容，例如，图片、文本和控件等。
- 母版页由特殊的 @ Master 指令识别，而普通 ASP.NET 页使用 @ Page 指令。
- 母版页中包含一个或多个 ContentPlaceHolder 控件，ContentPlaceHolder 控件起到一个占位符的作用，并且能够在母版页中标识出某个区域，而该区域将由内容页中的特定代码代替。

10.1.3 母版页应用实例

【例 10-1】创建母版页。

根据图 10-1 和图 10-2 设计母版页，操作步骤如下：

（1）新建一个 ASP.NET 空网站。

（2）选择"网站"→"添加新项"命令，在"添加新项"对话框中选择"母版页"模版，设置"名称"为 MasterPage.master，选中"将代码放在单独的文件中"复选框，然后单击"添加"按钮，如图 10-3 所示。

图 10-3　添加新项对话框

（3）打开母版页，按图 10-4 所示的样式设计母版页，其中首页链接 Default.aspx，图书浏览链接 Book.aspx。

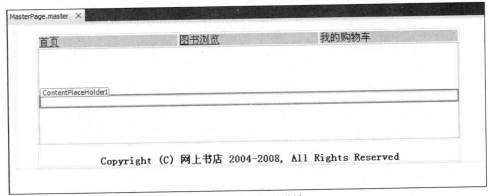

图 10-4　母版页设计

【例 10-2】设计 Default.aspx 内容页面。

实现图 10-1 所示的 Default.aspx 页面的步骤如下：

（1）选择"网站"→"添加新项"命令，在"添加新项"对话框中选择 "Web 窗体"模板，设置"名称"为 Default.aspx，并选中"选择母版页"复选框，然后单击"添加"按钮，如图 10-5 所示。

图 10-5　添加新项对话框

（2）在"选择母版页"对话框中选择"文件夹内容"列表框中的 MasterPage.master 选项，然后单击"确定"按钮，如图 10-6 所示。

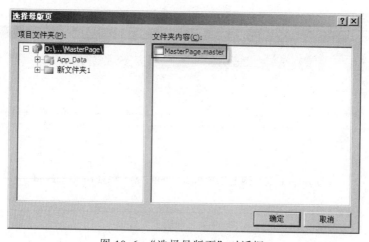

图 10-6　"选择母版页"对话框

Default.aspx 初始设计页面如图 10-7 所示，由图可见，母版页内容是只读的（呈现灰色部分），不可被编辑，而内容页的内容则可以进行编辑。如果需要修改母版页的内容，则必须打开母版页。

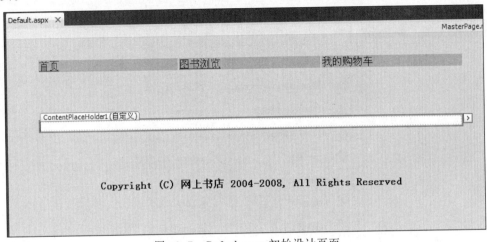

图 10-7 Default.aspx 初始设计页面

（3）在 Content 部分输入"欢迎光临网上书店！"，并调整文字的大小与位置。
Default.aspx 文件的内容如下：

```
<%@ Page Title="" Language="C#" MasterPageFile="~/MasterPage.master" Auto
    EventWireup="true" CodeFile="Default.aspx.cs" Inherits="_Default" %>

<asp:Content ID="Content1" ContentPlaceHolderID="head" Runat="Server">
</asp:Content>
<asp:Content ID="Content2" ContentPlaceHolderID="ContentPlaceHolder1" Runat=
    "Server">
<span style="font-size: 24pt">
    <br />
    <br />
    欢迎光临网上书店！</span>
</asp:Content>
```

从该文件可以看出，内容页的代码头声明与普通.aspx 文件比较，增加了属性 MasterPageFile 和 Title 的设置。其属性 MasterPageFile 用于设置该内容页所绑定的母版页的路径，属性 Title 用于设置页面 title 属性值。在内容页中还可以包括一个或者多个 Content 控件，页面中所有非公共内容都必须包含在 Content 控件中。每一个 Content 控件通过属性 ContentPlaceHolderID 与母版页中的 CotentPlaceHolder 控件相连接，从而实现母版页与内容页的绑定。

（4）运行 Default.aspx 页面，效果如图 10-1 所示。

【例 10-3】设计 Book.aspx 内容页面。

实现如图 10-2 所示的 Book.aspx 页面的步骤如下：

（1）选择"网站"→"添加新项"命令，在"添加新项"对话框中选择"Web 窗体"模板，设置"名称"为 Book.aspx，并选中"选择母版页"复选框，然后单击"添加"按钮，如图 10-8 所示。

图 10-8 添加新项对话框

（2）在"选择母版页"对话框中选择"文件夹内容"列表框中的 MasterPage.master 选项，单击"确定"按钮。

（3）切换到 Book.aspx 的"设计"视图，向 Content 部分拖入一个 GridView 控件。

（4）切换到 Book.aspx 的代码文件，为 Page_Load 事件编写如下代码：

```
using System.Data.SqlClient;
…
protected void Page_Load(object sender, EventArgs e)
{
    SqlConnection conn=new SqlConnection("server=.;database=BookShop;
        integrated security=true");
    conn.Open();
    SqlDataAdapter da=new SqlDataAdapter("select top 3 BookName as 书名,
        description as 图书说明 from books", conn);
    DataSet ds=new DataSet();
    da.Fill(ds, "book");
    GridView1.DataSource=ds;
    GridView1.DataBind();
}
```

（5）运行 Book.aspx 页面，效果如图 10-2 所示。

10.2 用户控件

10.2.1 情景分析

有时一个页面很大，如果所有内容都在一个页面中实现，会给编写与维护带来困难。例如，在主页面中有登录功能，我们希望把登录功能独立出来进行实现，然后再加入到主页面中。这时，就可以利用用户控件来实现。图 10-9 所示为一个用户控件实现的登录功能，在其中输入正确的姓名与密码，然后单击"登录"按钮就可以出现登录成功页面，如图 10-10 所示。

图 10-9　登录页面

图 10-10　登录成功页面

10.2.2 用户控件简介

用户控件是一种自定义的组合控件，通常由系统提供的可视化控件组合而成。在用户控件中不仅可以定义显示界面，还可以编写事件处理代码。当多个网页中包括部分相同的用户界面时，可以将这些相同的部分提取出来，做成用户控件。

一个网页中可以放置多个用户控件。通过使用用户控件不仅可以减少编写代码的重复劳动，还可以使得多个网页的显示风格一致。更为重要的是，一旦需要改变这些网页的显示界面，只需要修改用户控件本身的代码，经过编译后，所有网页中的用户控件都会自动跟随变化。

用户控件本身就相当于一个小型的网页，同样可以为它选择单文件模式或者代码分离模式。然而，用户控件与网页之间还是存在着一些区别，这些区别包括以下 5 点：

- 用户控件文件的扩展名是.ascx 而不是.aspx，代码的分离（隐藏）文件的扩展名是.ascx.cs 而不是.aspx.cs。
- 在用户控件中不能包含 \<html>\<body>和\<form>等 HTML 的标记。
- 用户控件可以单独编译，但不能单独运行。只有将用户控件嵌入到.aspx 文件中，才能和 ASP.NET 网页一起运行。
- 用户控件以<%@Control%>指令开始。
- 用户控件使用文件扩展名.ascx，它们的代码隐藏文件是从 System.Web.UI.UserControl 类中继承的。

10.2.3 用户控件应用

对于情景分析中的例子，需要分两步实现，先创建登录用户控件，然后使用该用户控件。

【例 10-4】创建登录用户控件。

创建登录用户控件的步骤如下：

（1）创建一个 ASP.NET 网站。

（2）选择"网站"→"添加新项"命令，在"添加新项"对话框中选择"Web 用户控件"模板，设置"名称"为 Login.ascx，然后单击"添加"按钮。

（3）打开 Login.ascx 文件，切换到"设计"页面，然后从"工具箱"中向页面中拖入 2 个 Panel 控件，分别命名为 pnlLogin 与 pnlLogout。这两个 Panel 控件用于控制登录与注销相应控件的显示与隐藏。

（4）向 pnlLogin 控件中拖入表格与登录相应的控件，向 pnlLogout 控件中拖入表格与注销相应的控件，页面设计如图 10-11 所示。

图 10-11 登录用户控件的设计

（5）用户控件的 Page_Load 事件以及登录与注销的单击事件代码如下：

```
protected void Page_Load(object sender, EventArgs e)
{
    If(!IsPostBack)
    {
        If(Session["userName"]!=null)         //如果已登录
        {
            pnlLogout.Visible=true;           //注销对应面板可见
            pnlLogin.Visible=false;           //登录对应面板不可见
            lblUserName.Text=Session["userName"].ToString();
                                              //显示当前登录用户
        }
        else                                  //如果未登录
        {
            pnlLogout.Visible=false;          //注销对应面板不可见
            pnlLogin.Visible=true;            //登录对应面板可见
        }
    }
}
//单击"注销"按钮
protected void lnkLogOut_Click(object sender, EventArgs e)
{
    Session["userName"]="";
    Session.RemoveAll();
    Response.Redirect("Default.aspx");
}
//单击"登录"按钮
protected void btnLogin_Click(object sender, EventArgs e)
{
    SqlConnection conn=new SqlConnection("server=.;database=bookshop;
        uid=sa;pwd=");
    string  userName=txtuserName.Text.Trim();
```

```
            string pwd=txtPWD.Text.Trim();
            string sql="select count(*) from Users whereuserName='"+userName+"'and
                PWD='"+pwd+"'";
            SqlCommand cmd=new SqlCommand(sql, conn);
            conn.Open();
            int ret=(int)cmd.ExecuteScalar();       //ret 查询返回的记录条数
            conn.Close();
            if(ret<=0)                              //如果没有返回记录
            {
                Response.Write("<script>alert('登录失败!用户名或密码错误!')<"+"/script>");
            }
            else
            {
                //把用户名存在 Session["userName"]中
                Session["userName"]=userName;
                Response.Redirect("Default.aspx");
            }
        }
```

【例 10-5】使用登录用户控件。

使用登录用户控件的步骤如下：

（1）打开 Default.aspx 页面，切换到"设计"视图。

（2）在"解决方案资源管理器"中将 Login.ascx 文件拖至 Default.aspx 页面的"设计"视图中，如图 10-12 所示。

图 10-12　向 Default.aspx 页面中拖入登录用户控件

系统生成的 Default.aspx 文件如下：

```
<%@ Page Language="C#" AutoEventWireup="true"  CodeFile="Default.aspx.cs"
    Inherits="_Default" %>
<%@ Register Src="Login.ascx" TagName="Login" TagPrefix="uc1" %>
<!DOCTYPE html PUBLIC "-//W3C//DTD XHTML 1.0 Transitional//EN" "http://www.
    w3.org/TR/xhtml1/DTD/xhtml1-transitional.dtd">
```

```
<html xmlns="http://www.w3.org/1999/xhtml" >
<head runat="server">
    <title>无标题页</title>
</head>
<body>
    <form id="form1" runat="server">
    <div>
          <uc1:Login ID="Login1" runat="server" />
    </div>
    </form>
</body>
</html>
```

说明：

用户控件通过 Register 指令包括在 Web 窗体页中，其语法格式如下：

`<%@ Register Src="Book.ascx" TagName="Book" TagPrefix="uc1" %>`

其中：

- TagPrefix 是与用户控件的命名空间相关联的别名。
- TagName 是与用户控件的类相关联的别名。
- Src 包含用户控件的文件的虚拟路径。

（3）运行 Default.aspx 页面，效果如图 10-10 和图 10-11 所示。

10.3 外观和主题

10.3.1 情景分析

在网页制作过程中可以编写样式，然后应用于各个网页，达到统一页面外观与简化制作、维护的目的。ASP.NET 引进了服务器控件，服务器控件不仅具有网页表单元素的特性，还具有许多新加的属性。ASP.NET 2.0 中新增的主题功能可以方便地统一设置服务器控件的外观。图 10-13 所示为没有使用主题功能的图书查询页面，图 10-14 所示为使用主题功能的图书查询页面。

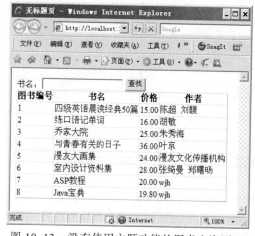

图 10-13　没有使用主题功能的图书查询页面

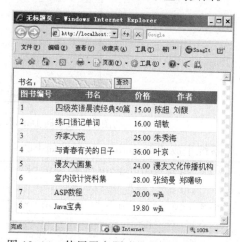

图 10-14　使用了主题功能的图书查询页面

10.3.2 主题

主题是 ASP.NET 2.0 中新增的一项功能，它存在于网站根目录下的 App_Themes 文件夹中。它允许开发者将页面的样式和布局信息存放到一个独立的文件中，总称为主题（Theme）。可以将该主题应用于站点，以控制站点中所有页面和控件的外观。通过对主题的切换，可以轻松地实现网站风格的切换。

主题文件夹中包含了外观文件*.skin、样式文件*.css 以及其他图片等资源文件。图 10-15 所示为一个典型的主题文件夹。

图 10-15　主题文件夹

10.3.3 外观文件

外观文件以 .skin 为扩展名，为一批服务器控件定义外貌。例如，可以定义一批 TextBox 或者 Button 服务器控件的底色和前景色，定义 GridView 控件的头模板的样式和尾模板的样式等。对控件显示属性的定义必须放在外观文件中，外观文件必须放在"主题目录"下，而主题目录又必须放在专用目录 App_Themes 的下面。

10.3.4 样式

一个主题中除了外观文件外，还有样式文件，即*.css 文件，在 ASP.NET 2.0 中，HTML 控件和 ASP.NET 服务器控件都支持 Style 对象，用来定义该控件的样式。CSS 样式可以定义控件的静态行为。

外观文件（.skin 文件）和样式表文件（.CSS 文件）的主要区别如下：

- 级联样式表只能用来定义 HTML 的标记，而外观文件可以用来定义服务器控件。
- 可以通过外观文件使页面中的多个服务器控件具有相同的外观，而如果用样式表来实现，则必须设置每个控件的 CssClass 属性，这样才能将样式表中定义的 CSS 类应用于这些控件，实现过程非常烦琐。
- 使用样式表文件虽然能够控制页面中各种元素的样式，但是有些服务器控件的属性无法用样式表控制，而外观文件则可以轻松完成这些功能。

10.3.5 主题与外观应用实例

实现图 10-14 所示页面的步骤如下：

（1）新建一个 ASP.NET 空网站。

（2）从"工具箱"中向 Default.aspx 页面中拖入 1 个 TextBox 控件、1 个 Button 控件和 1 个 GridView 控件，设计页面如图 10-16 所示。

（3）切换到代码页面，编写如下代码：

using System.Data;

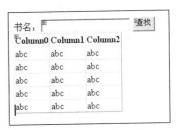

图 10-16　设计页面

```csharp
using System.Data.SqlClient;
…
protected void Page_Load(object sender,EventArgs e)
{
   if(!IsPostBack)
   {
      Bind("");
   }
}
//绑定图书信息
public void Bind(string bookName)
{
   string connStr="server=(local);uid=sa;pwd=;database=bookshop";
   SqlConnection conn=new SqlConnection(connStr);
   string sql="SELECT bookID AS 图书编号,bookName AS 书名,price AS 价格,author
       AS 作者  FROM book ";
   if(bookName!="")
      sql=sql+" where  bookName like '%"+bookName+"%'";
   SqlDataAdapter da=new SqlDataAdapter(sql, conn);
   DataSet ds=new DataSet();
   da.Fill(ds);
   GridView1.DataSource=ds.Tables[0];
   GridView1.DataBind();
}
protected void Button1_Click(object sender, EventArgs e)
{
   Bind(TextBox1.Text);
}
```

运行该页面，效果如图10-13所示。

（4）在"解决方案资源管理器"中右击站点，在弹出的快捷菜单中选择"添加 ASP.NET 文件夹"→"主题"命令，增加一个主题文件夹，并把自动生成的"主题1"文件夹重命名为 MyTheme。

（5）右击 MyTheme 文件夹，在弹出的快捷菜单中选择"添加新项"命令，在弹出的对话框中选择"外观文件"，然后单击"添加"按钮，如图10-17所示。

（6）在外观文件（这里是 SkinFile.skin）中给 TextBox 和 Button 控件定义显示的语句如下：

```
<asp:GridView runat="server" BorderWidth="1px" CellPadding="4" Grid Lines=
   "Horizontal"  >
   <RowStyle BackColor="#EFF3FB" height="20px"/>
   <HeaderStyle BackColor="#507CD1" Font-Bold="True" ForeColor="White" />
   <AlternatingRowStyle BackColor="White" />
</asp:GridView>
<asp:TextBox  runat="server" BorderColor="Silver" BorderStyle="Solid"Border
   Width="1px" ></asp:TextBox>
<asp:Button runat="server"   SkinId="button" BorderWidth="1px" Fore
   Color="Blue"  ></asp:Button>
```

图 10-17 "添加新项"对话框

> **提 示**
>
> 在外观文件（.skin 文件）中，由于系统没有提供控件属性设置的智能提示功能，因此一般不在外观文件中直接编写代码定义控件的外观，可以先向页面中加入控件，然后在属性窗格中设置它的各种属性，以达到使用主题后所要得到的效果。再复制该控件的整个代码到外观文件中，去掉该控件的 ID 属性。最后，根据需要为其添加 SkinID 属性定义，这样关于该控件的主题代码就制作完成了。

（7）将主题应用于 Web 页面。

在 Default.aspx 文件的 HTML 源代码的@ Page 指令中输入设置 Theme 属性的代码，如下所示：

```
<%@ Page Language="C#" AutoEventWireup="true" CodeFile="Default.aspx.cs"
    Theme="MyTheme" Inherits="_Default" %>
```

并设置"查找"按钮的 SkinID 为 button，代码如下：

```
<asp:Button ID="Button1" SkinId="button" runat="server" OnClick=" Button1_
    Click" Text="查找" />
```

说明：

- 在设计阶段看不出外观文件中定义的作用，只有当程序运行时，在浏览器中才能看到控件外观的变化。

- 控件外观可分为两种类型：默认外观和命名外观。若外观文件中没有包含 SkinID 属性，则为默认外观，否则为命名外观。TextBox 控件与 GridView 控件没有指定 SkinID 属性，是"默认外观"；Button 控件指定了 SkinID 属性，是"命名外观"。当页面应用主题（设置其 Theme 属性）时，默认外观会自动应用于与外观文件同名的控件。命名外观不会自动按类型应用于控件，而应当通过设置控件的 SkinID 属性将已命名外观应用于控件。通过创建命名外观，可以为应用程序中同一控件的不同实例设置不同的外观。

> **提 示**
>
> - 需要注意的是，对一种类型的控件仅能设置一个默认的外观。
> - 一旦使用 Theme 定义了一个页面的 Theme，若在控件属性中设置了与控件外观相同的属性值，则页面还是以外观文件的为准。如果希望页面中的属性设置生效，就需要在定义 Theme 时使用 StyleSheetTheme 来代替直接使用 Theme。

（8）给主题添加样式文件。

右击 MyTheme 文件夹，在弹出的快捷菜单中选择"添加新项"命令，弹出"添加新项"对话框，在其中选择"样式表"模板，然后单击"添加"按钮，如图 10-18 所示。

图 10-18　选择"样式表"模板

对 StyleSheet.css 样式表文件进行编辑，代码如下：

```
input
{
```

```
    color:Red;
    background-image: url(images/bg.jpg);
}
```

（9）添加 images 文件夹。

由于样式文件中用到了背景图片，因此需要添加一个 images 文件夹并在其中放置背景图片。

右击 MyTheme 文件夹，在弹出的快捷菜单中选择"添加新建文件夹"命令，并把新添加的文件夹重命名为 images；右击 images 文件夹，在弹出的快捷菜单中选择"添加现有项"命令，然后找到 bg.jpg 文件并将其加在该文件夹中。

（10）运行 default.aspx 页面，效果如图 10-14 所示。

> **提 示**
>
> 一旦将样式表文件（.CSS 文件）保存在主题中，样式表将自动作为主题的一部分，在网页中只引用主题即可，不必再单独引用.CSS 文件。

10.4　知识拓展

10.4.1　将已创建的网页嵌入母版页中

为了将已经创建的网页嵌入母版页中，用户需要在已经创建的网页中用手动方法添加或修改一些代码，步骤如下：

（1）打开已创建的网页，进入它的代码页面，在页面指示语句中添加与母版页的联系。为此需增加以下属性，其中"~/MasterPage.master"代表母版页名。

```
<%@Page Language="C#" MasterPageFile="~/MasterPage.master"
    AutoEventWireup="…">
```

（2）由于在母版页中已经包含有 <html> <head> <body> <form> 等标记，因此在网页中要删除所有这些标记，以避免重复。同样，类似于 <h1> </h1> 的标记也要删除（<div> 标记不要删除）。

（3）在剩下内容的前后两端加上 Content 标记，并增加 Content 的 ID 属性，Runat 属性以及 ContentPlaceHolderID 属性，ContentPlaceHolderID 属性应该与母版页中的网页容器相同。修改后的语句结构如下：

```
<asp:Content ID="bodyContent" ContentPlaceHolderID="ContentPlaceHolder1"
    Runat=Server>
    <div>
    …
    </div>
</asp:Content>
```

也就是说，修改后的代码中除页面指示语句以外，其他所有语句都应放置在 <asp:Content> 与 </asp:Content> 之间。

10.4.2　母版页的嵌套

母版页可以嵌套，即让一个母版页引用其他的页作为其母版页。利用嵌套的母版页可以创建组件化的母版页。例如，大型网站可能包含一个用于定义站点外观的总体母版页。然后，不同的网站内容合作伙伴又可以定义各自的子母版页,这些子母版页引用网站母版页,并相应地定义合作伙伴的内容的外观。

与任何母版页一样,子母版页也包含文件扩展名.master。子母版页通常包含一些内容控件,这些控件将映射到父母版页上的内容占位符。就这方面而言,子母版页的布局方式与所有内容页类似。但是,子母版页还有自己的内容占位符,可用于显示其子页提供的内容。

提 示

子母版页只能在 HTML 源视图下手动创建,Visual Studio.NET 2010 不支持对子母版页的可视化编辑。

10.4.3 访问母版页的控件和属性

用户可以在内容页中编写代码来引用母版页中的属性、方法和控件,但这种引用有一定的限制。对于属性和方法的规则是,如果它们在母版页上被声明为公共成员,则可以引用它们。

为了提供对母版页成员的访问,Page 类公开了 Master 属性。若要从内容页访问特定母版页的成员,可以通过创建@ MasterType 指令创建对此母版页的强类型引用。

例如,一个名为 MyMasterPage.master 的母版页,该名称是类名 MyMasterPage_master。在内容页中可创建如下所示的@ Page 和@ MasterType 指令:

```
<%@ Page masterPageFile="~/MyMasterPage.master"%>
<%@ MasterType virtualPath="~/MyMasterPage.master"%>
```

1. 访问母版页的属性

可以用如下代码访问母版页上的公共成员 userName:

```
String userName=Master.userName;
```

2. 访问母版页的控件

对于母版页中控件的引用相对也比较简单。在运行时,母版页与内容页合并,因此内容页的代码可以访问母版页上的控件,可以使用 FindControl( )方法定位母版页上的特定控件。如果要访问的控件位于母版页的 ContentPlaceHolder 控件内部,则必须先获取对 ContentPlaceHolder 控件的引用,然后调用其 FindControl( )方法获取对该控件的引用。

例如,如果母版页中有一个名为 txtUserName 的编辑框控件,在内容页中可以用如下代码访问:

```
TextBox txtUserName=(TextBox) Master.FindControl("txtUserName ");
```

10.4.4 母版页的动态加载

除了以声明方式指定母版页(在@ Page 指令或配置文件中)外,还可以动态地将母版页附加到内容页中。实现动态加载母版页的核心是设置 Page 的 MasterPageFile 属性值,但是不能在 Page_Load 等事件处理程序中设置,而是应该在 Page_PreInit 事件处理程序中进行,否则会产生页面异常。如下面的代码所示:

```
void Page_PreInit(Object sender, EventArgs e)
{   this.MasterPageFile="~/NewMaster.master";
}
```

10.4.5 将主题文件应用于整个应用程序

为了将主题文件应用于整个应用项目，可以在应用项目根目录下的 Web.config 文件中进行定义。例如，要将 Themes1 主题目录应用于应用项目的所有文件中，可以在 Web.config 文件中定义，代码如下：

```
<configuration>
    <system.web>
        <pages theme="Themes1" />
    </system.web>
</configuration>
```

通过这种方式设置以后，任何一个网页都会自动应用 Theme1 主题，不必再为每一个网页分别设置 Theme 属性。

但是在 Visual Studio 2010 中，这种方法并不可行，因为在"设计"视图中从"工具箱"中向页面中拖入一个服务器控件时，无法直观地看到样式表主题定义的外观效果，只有运行时才能看到应用的效果。

10.4.6 编程控制主题

除了在页面声明和配置文件中指定主题和外观首选项外，还可以通过编程的方式应用主题。可以通过编程的方式同时对页面的主题和样式表进行设置。

可以在页面的 PreInit( ) 方法的处理程序中设置页面的 Theme 属性。例如，下面的代码根据 URL 中的参数 theme 来设置页面使用的主题。

```
Protected void Page_PreInit(object sender, EventArgs e)
{
    switch(Request.QueryString["theme"])
    {
        case "Blue":
            Page.Theme="BlueTheme";
            break;
        case "Pink":
            Page.Theme="PinkTheme";
            break;
    }
}
```

如果设置了页或者全局的 Theme 属性，则主题和页中的控件设置将进行合并，以构成控件的最终设置。如果同时在控件和主题中定义了控件设置，则主题中的控件设置将重写控件上的任何页设置。简单地讲，局部的设置将服从全局的设置，即使页面中的控件已经具有各自的属性设置。

在设置页面或者全局主题的 StyleSheetTheme 属性，将主题作为样式表主题来应用时，本地页设置将优先于主题中定义的设置（如果两个位置都定义了设置）。简单地讲，局部的设置将优先于全局的设置。

10.4.7 禁用主题

在默认情况下，主题将重写页和控件外观的本地设置。当控件或页已经有预定义的外观，而又不希望主题重写它时,可以禁用此行为。

对于页,禁用主题的方法为在 Page 指令中使用 EnableTheming="false"。例如:

`<%@ Page EnableTheming="false" %>`

对于控件,禁用主题的方法为在控件中设置 EnableTheming="false"。例如:

`<asp:Calendar id="Calendar1" runat="server" EnableTheming="false" />`

习 题

1. 母版页有什么作用?
2. 母版页文件有什么特点?
3. 使用用户控件有哪些优点?
4. 简述将已经创建的 ASPX 网页嵌入母版页的方法。
5. 外观文件和样式表文件的区别与联系是什么?
6. 母版页 MyMasterPage.master 中有一个用户名编辑框 txtUserName,内容页如何读取母版页中的 txtUserName 控件的值?
7. 如何用外观文件设置 Button 的前景色为蓝色?
8. 编写一个图书类别的显示列表,使用用户控件来实现。
9. 上机调试本章例题。
10. 上机完成本章所展示的页面。

第 11 章 AJAX 技术

采用 AJAX 技术，可以实现页面的局部刷新，有利于减少用户的等待以及改善用户的体验。目前，AJAX 技术已在网站开发中得到广泛应用。

本章目标
- ☑ 掌握 ASP.NET AJAX 安装
- ☑ 掌握 ASP.NET AJAX 常用控件的使用方法
- ☑ 掌握使用 JQuery 实现 AJAX

11.1 AJAX 简介

AJAX 全称为 Asynchronous JavaScript and XML（异步 JavaScript 和 XML），是一种创建交互式网页应用的网页开发技术。

对于传统的 Web 应用程序，用户在网页上触发的一次操作，就会通过发送 HTTP 请求连接到 Web 服务器，服务器响应该请求后，自动重新生成一个新的 HTML 页面回传到客户端。服务器端处理客户端提交的请求时，页面都会刷新一次。即使用户只需提交很小的一部分内容，都要通过请求服务器，然后返回一个完整的页面。用户每次都要浪费大量的时间和带宽去等待这个返回的页面，并且不能知道服务器端的处理状态。因此，在 AJAX 技术推出之前，用户不能对网页进行局部刷新，只能一次刷新整个页面，不能得到像桌面应用程序那样好的体验。而 AJAX 正是解决这种问题的技术方案，它能够支持局部刷新，只做必要的数据交换，即只需要向服务器提交所需的一小部分数据，而不要整个页面一起提交。并能够实现异步访问服务器，这样使得服务器端的响应速度更快，从而减少了用户的等待，改善了用户的体验。

AJAX 应用程序的优势在于：能够优化数据传输，减少带宽占用。AJAX 引擎在客户端运行，承担了一部分本来由服务器承担的工作，从而减少了大用户量下的服务器负载。而且，AJAX 能够提供较为丰富的客户端体验。Google 的 Gmail 和 GoogleMaps 就是 AJAX 应用的典型例子。

AJAX 不是指一种单一的技术，而是一系列相关的技术有机结合。AJAX 的核心包括 JavaScript、XMLHttpRequest 和 DOM。

1. XMLHttpRequest

AJAX 最大的特点是支持局部刷新，这一特点主要得益于 XMLHTTP 组件 XMLHttpRequest 对象。XMLHttpRequest 可以支持不重新加载整个页面的情况下更新网页。

2. JavaScript

JavaScript 是由 Netscape 公司开发的一种脚本语言。在 HTML 基础上，使用 JavaScript 可以开发交互式 Web 页。JavaScript 的出现使得网页和用户之间实现了一种实时性的、动态的、交互性的关系，使网页包含更多活跃的元素和更加精彩的内容。

3. DOM

DOM 是 Document Object Model（文档对象模型）的简称，它是让 JavaScript 与页面交互的一种方式，能够动态修改文档中的结点、元素、属性等。根据 W3C DOM 规范，DOM 是 HTML 与 XML 的应用编程接口（API），DOM 将整个页面映射为一个由层次结点组成的文件，它提供了文件的结构表述。

11.2　ASP.NET AJAX 简介

目前，AJAX 已经成为 Web 应用开发的主流技术，微软公司也将 AJAX 技术融入到已有的 ASP.NET 基础架构中，形成了自己的 AJAX 技术开发框架。

1. AJAX Extension

其中包括了 4 个主要的 Web 控件：

- ScriptManager：所有使用 AJAX 的页面都必须放置一个 ScriptManager 控件。
- ScriptManagerProxy：当母版页上已有一个 ScriptManager 控件时，在子页面中使用。
- Timer：实现定时调用，常用于定时到服务器上去提取相关的信息。
- UpdatePanel：最重要的 AJAX 控件，用于定义页面更新区域和更新方式。
- UpdateProgress：当页面异步更新正在进行时提示用户。

Visual Studio 2010 中 AJAX Extension 为标准控件，无须安装，AJAX Extension 的控件位于"工具箱"的 AJAX Extensions 选项。

> **提示**
>
> 在 Visual Studio 2010 环境下使用 AJAX Extension，就需要安装 ASPAJAXExtSetup.msi。可从 http://www.microsoft.com/en-us/download/confirmation.aspx?id=883 下载 ASPAJAXExtSetup.msi 安装包，安装后 Visual Studio 2010 的"工具箱"会多出 AJAX Extensions 选项卡。新建网站时，选择 ASP.NET AJAX-Enabled Web Site 模板就可以在项目中使用 AJAX Extension 的控件，如图 11-1 所示。

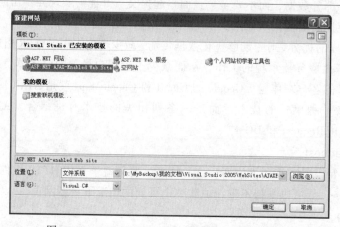

图 11-1　ASP.NET AJAX-Enabled Web Site 模板

2. AJAX ControlToolKit

AJAX ControlToolKit 建构于微软 AJAX Extension 之上，基本涵盖了 Web 页面开发最需要使用的功能，且使用方便，使用 AJAX ControlToolKit 需要先安装。AJAXControlToolKit 的全部控件集中在 AjaxControlToolkit.dll 文件中，可以通过在 Visual Studio "工具箱"中选择"选择项"命令，将其中的控件放置到"工具箱"中。

说明：

AJAX ControlToolKit 控件的功能相对不常用，而且用 Jquery 实现更灵活，所以本书不介绍 AJAX ControlToolKit 控件的使用。

11.3 ASP.NET AJAX 常用控件

11.3.1 ScriptManager 控件

所有需要支持 ASP.NET AJAX 的 ASP.NET 页面上有且只能有一个 ScriptManager 控件，它用来处理页面上的所有组件以及页面局部更新，生成相关的客户端代理脚本，以便能够在 JavaScript 中访问 Web Service。ScriptManager 的属性或方法如表 11-1 所示。

表 11-1 ScriptManager 属性或方法

属性或方法	说明
AllowCustomError	和 Web.config 中的自定义错误配置区<customErrors>相联系，是否使用它，默认值为 true
AsyncPostBackErrorMessage	异步回传发生错误时的自定义提示错误信息
AsyncPostBackTimeout	异步回传时超时限制，默认值为 90，单位为秒
EnablePartialRendering	是否支持页面的局部更新，默认值为 True，一般不需要修改
ScriptMode	指定 ScriptManager 发送到客户端的脚本的模式，有 4 种模式：Auto、Inherit、Debug、Release，默认值为 Auto
ScriptPath	设置所有的脚本块的根目录，作为全局属性，包括自定义的脚本块或者引用第三方的脚本块。如果在 Scripts 中的<asp:ScriptReference/>标签中设置了 Path 属性，它将覆盖该属性
OnAsyncPostBackError	异步回传发生异常时的服务端处理函数，在这里可以捕获一场信息并做相应的处理
OnResolveScriptReference	指定 ResolveScriptReference 事件的服务器端处理函数，在该函数中可以修改某一条脚本的相关信息，如路径、版本等

11.3.2 UpdatePanel 控件

UpdatePanel 是 ASP.NET 2.0 AJAX Extensions 中很重要的一个控件，其强大之处在于不用编写任何客户端脚本就可以自动实现局部更新。其属性或方法如表 11-2 所示。

表 11-2 UpdatePanel 控件的属性或方法

属性或方法	说明
ChildrenAsTriggers	应用于 UpdateMode 属性为 Conditional 时，指定 UpdatePanel 中的子控件的异步回送是否会引发 UpdatePanle 的更新
RenderMode	表示 UpdatePanel 最终呈现的 HTML 元素。Block（默认）表示<div>，Inline 表示<span>

续表

属性或方法	说　　明
Triggers	用于引起更新的事件。在 ASP.NET Ajax 中有两种触发器，其中使用同步触发器（PostBackTrigger）只需指定某个服务器端控件即可，当此控件回送时采用传统的 PostBack 机制整页回送；使用异步触发器（AsyncPostBackTrigger）则需要指定某个服务器端控件的 ID 和该控件的某个服务器端事件
UpdateMode	表示 UpdatePanel 的更新模式，有两个选项：Always 和 Conditional。Always 是不管有没有 Trigger，其他控件都将更新该 UpdatePanel，Conditional 表示只有当前 UpdatePanel 的 Trigger，或 ChildrenAsTriggers 属性为 true 时，当前 UpdatePanel 中控件引发的异步回送或者整页回送，或是服务器端调用 Update() 方法才会引发更新该 UpdatePanel

【例 11-1】使用 UpdatePanel 控件。本例运行界面如图 11-2 所示，单击"确定"按钮，给编辑框赋值"你好"，注意运行过程中没有刷新整个页面。

（1）运行 Visual Studio 2010，新建一个 ASP.NET 空网站。
（2）向网站添加一个页面，命名为 11-1.aspx。
（3）从"工具箱"的"AJAX Extensions"选项卡中向 11-1.aspx 的拖入一个 ScriptManager 控件、一个 UpdatePanel 控件。注意：ScriptManager 控件要放在页面顶部。
（4）从"工具箱"的"标准"选项卡中向 11-1.aspx 的拖入一个 TextBox 控件、一个 Button 控件。TextBox 控件要求放在 UpdatePanel 控件内，如图 11-3 所示。

图 11-2　运行效果

图 11-3　页面设计

（5）双击按钮，为其单击事件编写如下代码：
```
protected void Button1_Click(object sender, EventArgs e)
{
    TextBox1.Text = "你好！";
}
```
现在运行 11-1.aspx 页面，单击按钮，编辑框中出现"你好！"，观察运行时，网页下方状态栏的有进度条提示，说明是整页刷新，而不是局部刷新。

（6）选中 UpdatePanel 控件，在属性窗口单击 Triggers 属性旁的按钮，弹出"UpdatePanelTrigger 集合编辑器"窗口；单击"添加"按钮，选择"AsyncPostBackTrigger"，在"行为"窗格设置 ControlID 为 Button1，EventName 为 Click，如图 11-4 所示。

以上设置的目的是单击 Button 按钮时，只引起 UpdatePanel 控件刷新，即只刷新局部而不刷新整个页面。

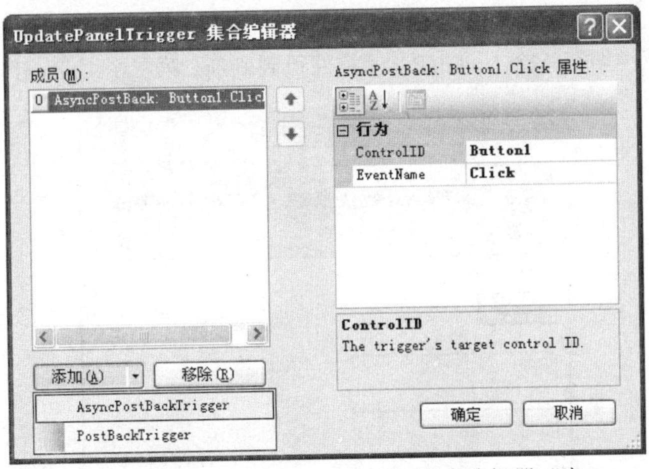

图 11-4　设置"UpdatePanelTrigger 集合编辑器"窗口

（7）运行 11-1.aspx 页面，单击按钮，编辑框中出现"你好！"，观察运行时，网页下方状态栏没有进度条提示，说明是局部刷新而不是整页刷新。

> **提　示**
>
> 　　如果把按钮也放在 UpdatePanel 控件内，默认情况下，无须设置 Triggers 属性，单击时自动只刷新 UpdatePanel 控件部分。

使用 UpdatePanel 时并没有限制在一个页面上用多少个 UpdatePanel，所以可以为不同的需要局部更新的页面区域加上不同的 UpdatePanel。由于 UpdatePanel 默认的 UpdateMode 是 Always，如果页面上有一个局部更新被触发，则所有的 UpdatePanel 都将更新，如果不希望所有的 UpdatePanel 都更新，只需要把 UpdateMode 设置为 Conditional。

【例 11-2】一个页面使用多个 UpdatePanel 控件。

（1）新建一个 ASP.NET 空网站。

（2）添加一个页面 11-2.aspx。

（3）从"工具箱"的"AJAX Extensions"选项卡中向 11-2.aspx 的拖入一个 ScriptManager 控件、两个 UpdatePanel 控件。从"工具箱"的"标准"选项卡中向 11-2.aspx 的 UpdatePanel1 控件内 拖入一个 TextBox 控件、一个 Button 控件，向 UpdatePanel1 拖入一个 TextBox 控件，如图 11-5 所示。

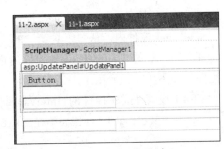

图 11-5　页面设计

（4）双击按钮，为其单击事件编写如下代码：

```
protected void Button1_Click(object sender, EventArgs e)
{
    TextBox1.Text="你好！ ";
    TextBox2.Text="你好！ ";
}
```

现在运行 11-2.aspx，单击按钮，两个编辑框中都显示"你好！ "，说明两个 UpdatePanel 控件都得到刷新。

（5）选中 UpdatePanel2 控件，设置其 UpdateMode 属性为 Conditional。

现在运行 11-2.aspx，单击按钮，第一个编辑框中显示"你好！"，第二个编辑框中没有显示，如图 11-6 所示，说明第一个 UpdatePanel 控件得到刷新，第二个 UpdatePanel 控件没有刷新。

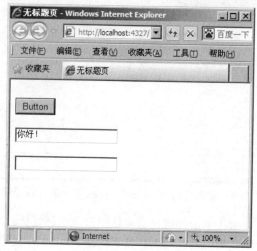

图 11-6　运行效果

11.3.3　Timer 控件

ASP.NET AJAX 中的 Timer 控件可以让 Web 页面在一定的时间间隔内局部刷新。

【例 11-3】利用 Timer 控件定时显示时间。

（1）新建一个 ASP.NET 空网站。

（2）添加一个页面 11-3.aspx

（3）从"工具箱"的"AJAX Extensions"选项卡中向 11-3.aspx 拖入一个 ScriptManager 控件、一个 UpdatePanel 控件、一个 Timer 控件，Timer 控件位于 UpdatePanel 控件内。从"工具箱"的"标准"选项卡中向 11-3.aspx 的 UpdatePanel1 控件内拖入一个 TextBox 控件，如图 11-7 所示。

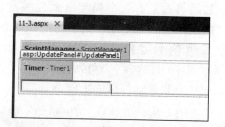

图 11-7　页面设计

（4）设置 Timer 控件的 Interval 属性为 1000，为 Timer 控件的 Tick 事件编写代码：
```
protected void Timer1_Tick(object sender, EventArgs e)
{
    TextBox1.Text=System.DateTime.Now.ToString();
}
```
以上设置使 Timer 控件每秒运行一次 Tick 事件中的代码。

（5）运行 11-2.aspx，可以看到 TextBox1 内时间不断变化，而没有整个页面刷新。

11.3.4　ScriptManagerProxy 控件

在 ASP.NET AJAX 中，一个 ASPX 页面上只能有一个 ScriptManager 控件，所以在 Master-Page 的已有 ScriptManager 控件的情况下；在 Content-Page 中使用 ASP.NET AJAX，在 Content-page

中用 ScriptManagerProxy，而不是 ScriptManager。

11.4　ASP.NET AJAX 应用实例

11.4.1　ASP.NET AJAX 实现登录

【例 11-4】采用 AJAX 实现登录验证的功能，如果失败，弹出"登录失败！"对话框，如图 11-8 所示，页面无须刷新。输入用户名 dave，口令 123，成功登录，转向成功页面 first.aspx，如图 11-9 所示。

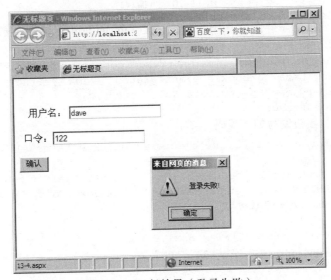

图 11-8　运行效果（登录失败）

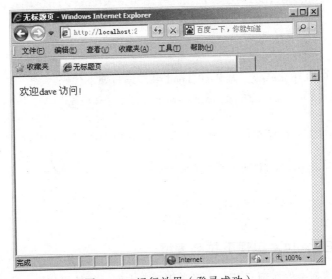

图 11-9　运行效果（登录成功）

（1）新建一个 ASP.NET 空网站。
（2）添加一个页面 11-4.aspx，页面设计如图 11-10 所示。

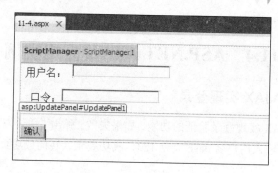

图 11-10 页面设计

（3）项目中加入数据库操作类 DBHelper.cs，在 web.config 中配置好连接：
```
<connectionStrings>
    <add name="bookshopConnectionString" connectionString="Data Source=.;
        Initial Catalog=bookshop;Integrated Security=True"
        providerName="System.Data.SqlClient" />
</connectionStrings>
```
（4）为"确认"按钮编写如下代码：
```
protected void Button1_Click(object sender, EventArgs e)
{
    int count=DBHelper.execScalar(string.Format("select count(*) from users where userName='{0}' and PWD='{1}'", TextBox1.Text, TextBox2.Text));
    if(count>0)    //登录成功
    {
        Session["userName"]=TextBox1.Text;
        Response.Redirect("first.aspx");
    }
    else
        ScriptManager.RegisterClientScriptBlock(this, this.GetType(), "TestAlert", "alert('登录失败!'); ", true);


}
```
（5）添加一个页面 first.aspx，为 Page_Load 事件编写如下代码：
```
protected void Page_Load(object sender, EventArgs e)
{
    if(Session["userName"] == null || Session["userName"].ToString()!=
    "dave")
        Response.Write("未登录，不允许访问！");
    else
        Response.Write("欢迎"+Session["userName"].ToString()+" 访问！");
}
```

11.4.2 ASP.NET AJAX 实现下拉列表框

【例 11-5】下拉列表框在项目开发中经常用到，本例运行效果如图 11-11 所示。当改变图书类别时，图书下拉列表框显示对应类别的图书，注意页面没有整页刷新。单击"确认"按钮，显示所选的图书名称。

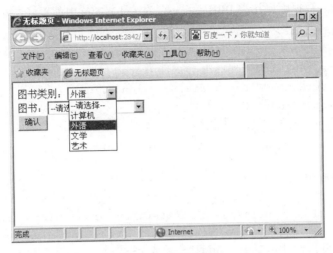

图 11-11　运行效果

（1）新建一个 ASP.NET 空网站。

（2）添加一个页面 11-5.aspx，从"工具箱"拖入控件，控件布局如图 11-12 所示。设置图书类别对应下拉列表框的 AutoPostBack 属性为 True；设置 UpdatePanel1 的 Triggers，如图 11-13 所示，使得图书类别对应下拉框选项改变时，触发 UpdatePanel1 区域刷新。

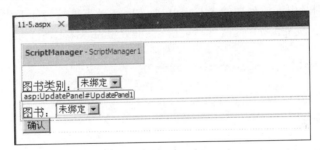

图 11-12　页面设计

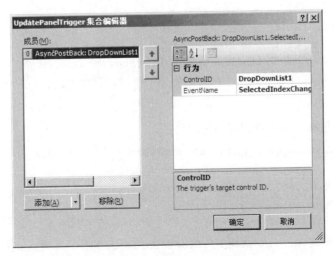

图 11-13　设置 Triggers 属性

（3）项目中加入数据库操作类 DBHelper.cs，在 web.config 中配置好连接：

```xml
<connectionStrings>
    <add name="bookshopConnectionString" connectionString="Data Source=.;
        Initial Catalog=bookshop;Integrated Security=True"
        providerName="System.Data.SqlClient" />
</connectionStrings>
```

（4）为 Page_Load 事件 编写如下代码：

```csharp
protected void Page_Load(object sender, EventArgs e)
{
    if(!IsPostBack)
    {
        DataSet ds=DBHelper.execDataSet("select * from category");
        DropDownList1.Items.Clear();
        DropDownList1.Items.Add("--请选择--");
        for(int i=0; i < ds.Tables[0].Rows.Count; i++)
            DropDownList1.Items.Add(new
                ListItem(ds.Tables[0].Rows[i]["categoryName"].ToString(),
                ds.Tables[0].Rows[i]["categoryID"].ToString()));
    }
}
```

（5）为图书类别对应下拉列框的 SelectedIndexChanged 事件编写如下代码：

```csharp
protected void DropDownList1_SelectedIndexChanged(object sender, EventArgs e)
{
    if(DropDownList1.SelectedIndex==0)
    {
        DropDownList2.Items.Clear();
        return;
    }
    DataSet ds=DBHelper.execDataSet("select*from book where categoryID="+ DropDownList1.SelectedValue);
    DropDownList2.Items.Clear();
    DropDownList2.Items.Add("--请选择--");
    for(int i = 0; i < ds.Tables[0].Rows.Count; i++)
        DropDownList2.Items.Add(new ListItem(ds.Tables[0].Rows[i]["bookName"].ToString(), ds.Tables[0].Rows[i]["bookID"].ToString()));
}
```

（6）为确认按钮的单击事件编写如下代码：

```csharp
protected void Button1_Click(object sender, EventArgs e)
{
    if(DropDownList2.SelectedIndex<= 0)
        Response.Write("请选择!");
    else
        Response.Write("选择了"+DropDownList2.SelectedItem.Text);
}
```

11.4.3 ASP.NET AJAX 实现信息即时刷新

【例 11-6】实时显示网上书店中的订单总数以及未处理订单数，运行效果如图 11-14 所示。在数据库里添加一条订单记录，页面上订单数与处理数相应改变。

（1）新建一个 ASP.NET 空网站。

（2）添加一个页面 11-6.aspx，页面设计如图 11-15 所示。

图 11-14　运行效果

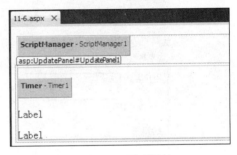

图 11-15　页面设计

（3）设置 Timer1 控件的 Interval 属性为 1000，为 Timer 控件的 Tick 事件编写代码：

```
protected void Timer1_Tick(object sender, EventArgs e)
{
    int count =DBHelper.execScalar("select count(*) from orders");
    Label1.Text = "共有" + count + "个订单";
    count = DBHelper.execScalar("select count(*) from orders where is
        Deliver=0");
    Label2.Text = "未处理订单" + count + "个";
}
```

11.5　JQuery 的 AJAX 技术

　　JQuery 是一个简洁快速灵活的 JavaScript 框架，它能让用户在网页上简单地操作文档、处理事件、实现特效，并为 Web 页面添加 AJAX 交互。JQuery 可到 www.jquery.com 下载。

　　JQuery 中提供了.get、.post 、.ajax 等多种 Ajax 方法，使 Ajax 变得及其简单。

　　【例 11-7】用 JQuery 的 AJAX 技术实现登录，如果用户名或口令不正确，弹出"登录失败！"对话框，如图 11-16 所示，页面无须刷新。输入用户名 dave,口令 123，弹出"登录成功"对话框，如图 11-17 所示，接着转向成功页面 first.aspx。

　　（1）运行 Visual Studio 2010,新建一个 ASP.NET 空网站。

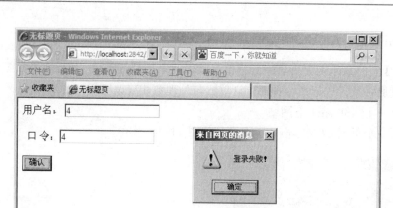

图 11-16 运行效果（登录失败）

图 11-17 运行效果（登录成功）

（2）添加一个页面 11-7.aspx,页面设计如图 11-18 所示。注意："确认"按钮是"工具箱"中"HTML"栏中的 Input(Button)控件，如图 11-19 所示。

图 11-18 页面设计　　　　　　　　　图 11-19 HTML 栏中的 Input 控件

（3）下载 Jquery，并把相应的 js 文件加入到项目，此处为 jquery-1.9.1.js。

（4）在 11-7.aspx 的 <head> 标签内编写 js 代码，完成后的 11-7.aspx 代码如下：

```
<%@ Page Language="C#" AutoEventWireup="true" CodeFile="11-7.aspx.cs" In
    herits="_11_7" %>

<!DOCTYPE html PUBLIC "-//W3C//DTD XHTML 1.0 Transitional//EN" "http://www.
    w3.org/TR/xhtml1/DTD/xhtml1-transitional.dtd">
<html xmlns="http://www.w3.org/1999/xhtml" >
<head id="Head1" runat="server">
    <title>无标题页</title>
    <script type="text/javascript" src="jquery-1.9.1.js"></script>
        <script type="text/javascript">
        $(document).ready(function() {
        $("#btn").click(function() {
         $.ajax({
            type: "POST",
            url: "ajax.aspx",
            data: "userName=" + $('#userName').val() + "&pwd=" +$('#pwd').val(),
             success: function (msg) {
             if (msg=='1')
             {
              alert("登录成功！");
             location.href="first.aspx";
             }
             else
                alert("登录失败！");
             }

            });
        });
    });
</script>
</head>
<body>
    <form id="form1" runat="server">
    <div>
    用户名：
        <asp:TextBox ID="userName" runat="server"></asp:TextBox> <br />
        <br />
              口 令: <asp:TextBox ID="pwd" runat="server"></asp:Text
            Box><br />
        <br />
        <input id="btn" type="button" value="确认" />
    </div>
    </form>
</body>
</html>
```

（5）添加一个页面 ajax.aspx，该页面用来响应 ajax 请求。删除 ajax.aspx 页面中的内容，只留最上面的一行。ajax.aspx 页面内容如下所示：

```
<%@ Page Language="C#" AutoEventWireup="true" CodeFile="ajax.aspx.cs" Inherits="ajax" %>
```

为 ajax.aspx 页面的 Page_Load 事件编写如下代码：

```
protected void Page_Load(object sender, EventArgs e)
{
    string userName=Request["userName"].ToString();
    string pwd=Request["pwd"].ToString();
    if (userName=="dave" && pwd == "123")
    {
        Session["userName"]=userName;
        Response.Write("1");   //登录成功！
    }
    else
        Response.Write("0");   //登录失败！
}
```

（6）添加一个页面 first.aspx，为 Page_Load 事件编写如下代码：

```
protected void Page_Load(object sender, EventArgs e)
{
    if (Session["userName"] == null || Session["userName"].ToString() != "dave")
        Response.Write("未登录，不允许访问！");
    else
        Response.Write("欢迎"+Session["userName"].ToString()+" 访问！");
}
```

习　题

1. 什么是 AJAX？
2. AJAX 有什么优点？
3. ASP.NET AJAX 常用控件有哪些？各有什么作用？
4. 上机调试本章例题。

第 12 章 Web 服务及分层开发

Web 服务是目前非常流行的技术，它可以轻松整合不同的应用程序以及异构系统之间的数据共享。ASP.NET 提供了 Web 服务技术，在 Visual Studio.NET 2010 中可以非常方便地开发 Web 服务。在企业应用开发中，为了程序的可维护性和代码重用性，都会采用多层架构。为了便于多层架构程序的开发，ASP.NET 提供了 ObjectDataSource 控件。本章将介绍 Web 服务及分层开发技术。

本章目标

- ☑ 了解 Web 服务的概念
- ☑ 掌握 Web 服务的创建方法
- ☑ 掌握 Web 服务的使用方法
- ☑ 理解分层的架构
- ☑ 掌握 ObjectDataSource 控件的使用方法
- ☑ 掌握分层程序的开发

12.1 Web 服 务

12.1.1 情景分析

若希望有其他的程序或网站来引用网上书店中的相关信息，如图书信息和新书信息销售排行，此时可以创建一个 Web 服务，向外部公开相关信息。然后，创建一个客户端程序，调用该 Web 服务来显示信息。图 12-1 所示为客户端利用 Web 服务显示所有的图书信息。

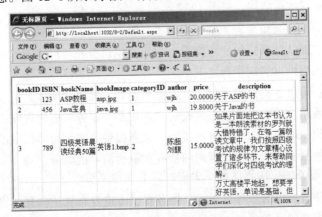

图 12-1 调用 Web 服务显示图书信息

12.1.2 什么是 Web 服务

Web 服务是一个应用逻辑单元,它通过标准的 XML 数据格式和通用的 Web 协议(如 HTTP、SOAP、WSDL 和 UDDI 等)为其他应用程序提供信息。具体来说,Web 服务利用网络进行通信,它提供了一些操作集合的接口,以实现特定的任务,其他应用程序通过调用这些接口实现信息的交换。Web 服务的设计目标是在现有各种不同平台的基础上,构建一个通用的、与平台无关、与语言无关的技术层。各种不同平台上的应用程序都可以通过这个技术层来实现彼此间的信息交换和集成。因此,Web 服务的目的是实现应用程序之间的交互。

Web 服务具有以下 5 个特性:

- 增强了系统的可操作性。由于所有的 Web 服务使用相同的协议,采用相同的数据编码格式,因此实现了不同系统之间的数据交换。
- 实现了与其他应用程序之间的松散耦合。应用程序向 Web 服务发出请求,Web 服务返回结果并关闭连接。这里的连接是动态创建的,而不是永久的。
- 具有平台无关性和语言无关性。由于 Web 服务是基于 XML 的,而 XML 是一个开放的、基于文本的标准,因此 Web 服务不要求使用某种特定的操作系统或编程语言。
- 具有自描述性。Web 服务使用 WSDL(Web 服务描述语言)作为自身的描述语言,用于解释服务的功能以及其他应用程序如何访问和使用它。
- 具有可发现性。其他应用程序能够通过服务注册中心查找并定位所需的 Web 服务。

12.1.3 Web 服务体系结构

Web Service 是一种基于组件的软件平台,是面向服务的 Internet 应用,部署在 Web 上的对象/组件,其核心思想是 Web 提供的不再仅仅是由人阅读的一个个页面,而是以功能为主的服务。Web Service 由 4 部分组成,分别是 Web 服务(Web Service)本身、服务提供方(Service Provider)、服务请求方(Service Requester)和服务注册机构(Service Regestry),其中服务提供方、请求方和注册机构称为 Web Services 的三大角色。这三大角色及其行为共同构成了 Web Services 的体系结构,如图 12-2 所示。

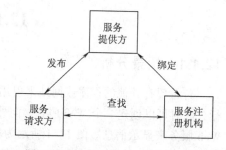

图 12-2 Web Service 的体系结构

- 服务提供方:从商务角度看,服务提供方是服务的所有者;而从体系结构的角度看,它是提供对服务进行访问的平台。它所提供的服务可部署于网络的可访问平台之上。
- 服务请求方:与服务提供方类似,从商务角度看,服务请求方是请求某种特定功能的需求方;从体系结构的角度看,它是查询或调用某个服务的应用程序或客户端。
- 服务注册机构:即服务的注册管理机构,服务提供方将其所能提供的服务在此进行注册和发布,以便服务请求方通过查询和授权获取所需要的服务。

所有使用 Web 服务的应用程序都至少进行以下 3 种"动作":

- 发布:为了使所提供的服务可访问,服务提供方应发布描述信息,以便将来服务请求方可以查找所需要的服务。

- 查找：服务请求方要获取自己所需要的服务，首先要对服务进行查找。在查找过程中，服务请求方直接检索服务描述信息或在服务注册方进行查找。查找可以在设计阶段或运行阶段出现。
- 绑定：在真正使用某个服务时，需要绑定和调用该服务。绑定某个服务时，服务请求方使用服务描述中的绑定信息来定位、联系并调用该服务，进而在运行时调用或启动与服务的互操作。

12.1.4　Web 服务的相关标准和规范

为了实现如图 12-2 所示的体系结构，Web Services 使用了一系列协议，主要包括 SOAP、WSDL 和 UDDI。

SOAP（Simple Object Access Protocol，简单对象访问协议）以 XML 的形式提供了一个简单、轻量的用于在松散的分布环境中交换结构化和类型化信息的机制。SOAP 本身并不定义任何应用语义，它只定义了一个简单的机制，通过一个模块化的包装模型和对模块中特定格式编码的数据的重编码机制来表示应用语义。

WSDL（Web Service Define Language，Web 服务描述语言）定义了一种基于 XML 规范的用于描述 Web 服务的语言，它将 Web 服务描述为一组对消息进行操作的网络端点。一个 WSDL 服务描述包含对一组操作和消息的一个抽象定义、绑定到这些操作和消息的一个具体协议和这个绑定的一个网络端点规范。WSDL 文档被分为两种类型：服务接口（Service Interface）和服务实现（Service Implementations）。服务接口包含将用于实现一个或多个服务的 WSDL 服务定义，它是 Web 服务的抽象定义，并被用于描述某种特定类型的服务。服务实现文档包含实现一个服务接口的服务的描述。一个服务实现文档可以包含对多个服务接口文档的引用。服务接口文档由服务接口提供者开发和发布；服务实现文档由服务提供者创建和发布。服务接口提供者与服务提供者这两个角色在逻辑上是分离的，但它们可以是同一个商业实体。

UDDI（Universal Description Discovery and Intergration，统一描述发现和集成）提供一种发布和查找服务描述的方法。UDDI 数据实体提供对定义业务和服务信息的支持。WSDL 中定义的服务描述信息是 UDDI 注册中心信息的补充。UDDI 提供对许多不同类型的服务描述的支持。

12.1.5　图书信息发布 Web 服务的实现

下面以创建图书信息发布 Web 服务、测试 Web 服务和使用 Web 服务 3 步来实现图书信息发布。

【例 12-1】创建图书信息发布 Web 服务。

（1）启动 Visual Studio 2010，新建一个 ASP.NET 空网站。

（2）选择"网站"→"添加新项"命令，在弹出的"添加新项"对话框中选择"Web 服务"，单击"添加"按钮，如图 12-3 所示。

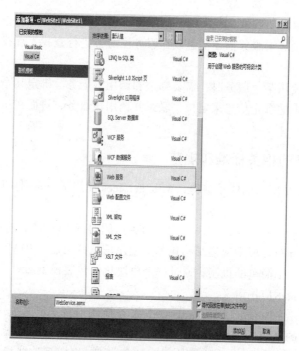

图 12-3 "添加新项"对话框中

在"资源管理器"面板双击 WebService.cs,添加 getBook()方法,代码如下:
…
```
using System.Data;
using System.Data.SqlClient;
[WebMethod]
  public DataSet getBook()
  {
    SqlConnection conn=new SqlConnection("server=.;database=BookShop;
    integrated security=true");
    conn.Open();
    SqlDataAdapter da=new SqlDataAdapter("select * from book", conn);
    DataSet ds=new DataSet();
    da.Fill(ds, "book");
    return ds;
  }
```
说明:
只有具备[WebMethod]的方法才可以通过 SOAP 被远程地访问。

【例 12-2】测试 Web 服务。

要测试 Web 服务,在"解决方案资源管理器"的 Service.asmx 文件上右击,在弹出的快捷菜单中选择"在浏览器中查看"命令,打开浏览器,如图 12-4 所示。测试页显示类名及 getBook 方法的超链接。如果 Web 服务有多个方法,该页将列出所有的方法。

要测试 getBook()方法,可单击方法名超链接,显示出 getBook()方法的一个新测试页,如图 12-5 所示。

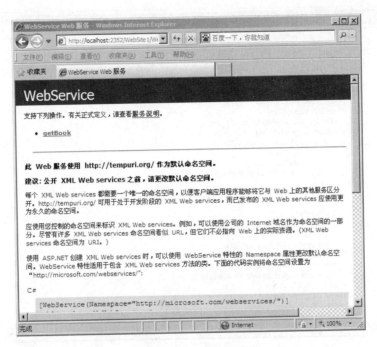

图 12-4　测试 Web 服务

图 12-5　测试 getBook() 方法

单击"调用"按钮，运行 getBook() 方法，这时将显示以 XML 方式显示的图书信息，如图 12-6 所示。

【例 12-3】使用 Web 服务。

（1）选择"文件"→"添加"→"新建网站"命令，向解决方案中增加一个 ASP.NET 空网站项目，命名为 ServiceClient。

图 12-6 以 XML 方式显示图书信息

（2）为了访问 Web 服务，必须添加一个 Web 引用。在网站项目 ServiceClient 中右击，在弹出的快捷菜单中选择"添加服务引用"命令，弹出如图 12-7 所示的"添加服务引用"对话框。单击"高级"按钮，弹出如图 12-8 所示的"服务引用设置"对话框；单击"添加 Web 引用"按钮，弹出如图 12-9 所示的"添加 Web 引用"对话框。

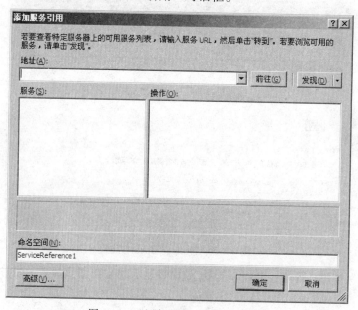

图 12-7 "添加服务引用"对话框

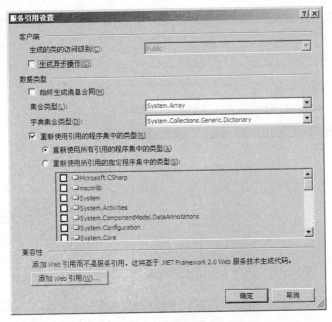

图 12-8 "服务引用设置"对话框

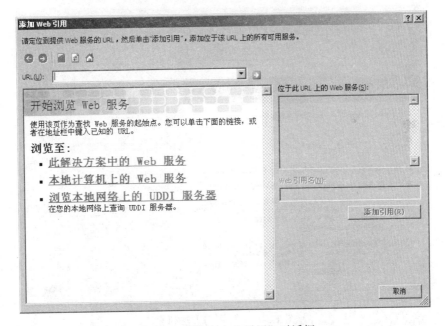

图 12-9 "添加 Web 引用"对话框

（3）在图 12-9 中单击"此解决方案中的 Web 服务"超链接，即可看到可用的服务列表，如图 12-10 所示。若继续单击服务超链接，则可以看到可用的方法列表，如图 12-11 所示。

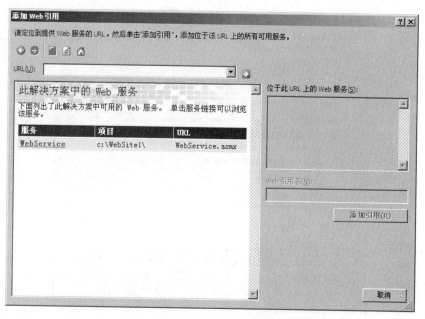

图 12-10　可用的服务列表

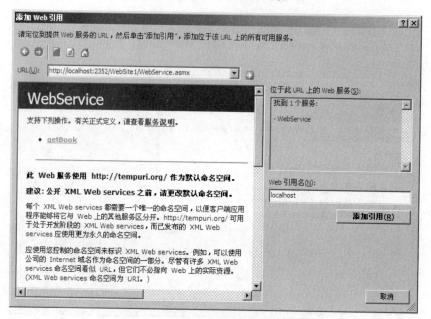

图 12-11　可用的方法列表

> **提　示**
>
> 　　可以把使用 Web 服务的项目放在任意位置，但在测试过程中最好把两个项目放在同一个解决方案中。如果在不同的解决方案中，则首先需要使用 IIS 发布 Web 服务。对应 Web 服务的路径，在 IIS 下新建一个虚拟目录，假设虚拟目录名字为 TestWebService，使用如下地址就能访问到这个 Web 服务：
> 　　　http://localhost/TestWebService/Service.asmx

单击图 12-11 右边的"添加引用"按钮，在 ServiceClient 项目中就会看到一个新的 App_WebReferences 文件夹，如图 12-12 所示。一旦增加了引用，可以像访问其他任何类型一样访问这个引用。

（4）向 ServiceClient 项目添加一个页面 Default.aspx，向页面拖入一个 GridView 控件，转到代码文件，为 Page_Load 事件编写如下代码：

```
protected void Page_Load(object sender, EventArgs e)
{
    localhost.Service service=new localhost.Service();
    GridView1.DataSource=service.getBook();
    GridView1.DataBind();
}
```

图 12-12 App_WebReferences 文件夹

提 示

如果在处理客户应用程序时修改了 Web 服务组件，就需要重建 Web 服务，然后右击 App_WebReferences 文件夹，在弹出的快捷菜单中选择"更新 Web 引用"命令。

（5）把站点 ServiceClient 设为启动项目，运行 Default.aspx 页面，效果如图 12-1 所示。

12.2 分 层 开 发

12.2.1 情景分析

使用 SqlDataSource 控件虽然使对数据源的连接和访问得到了极大简化，这样的控件却将表示层和业务逻辑层混合在了一起。在应用程序规模较小且功能较为简单的情况下还能应对，但在项目开发时多会采用多层架构。下面使用多层架构来实现图书信息的维护，效果如图 12-13 所示。

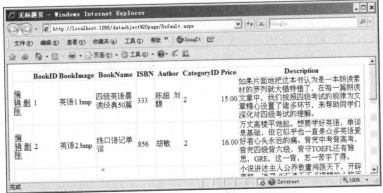

图 12-13 多层架构的数据显示与编辑

12.2.2 三层体系结构

传统的两层架构是客户机/服务器模式。在这种模式中，客户端向服务器发出请求，服务器处理这些请求，处理完成以后再返回给客户端。此时，显示代码和逻辑处理代码都集中于前台的网页之中。如果系统的功能比较简单，则非常适合采用两层架构，两层架构如图 12-14 所示。

当系统的功能比较复杂或者对网站有特殊要求时，最好改用三层架构来取代两层架构。三层架构的核心思想是将整个应用划分成三层，即表示层、业务层和数据访问层（含数据库）。也就是在客户机与服务器之间增加一个中间层（有时又称为业务组件层），用来放置处理业务的逻辑代码。三层架构如图 12-15 所示。

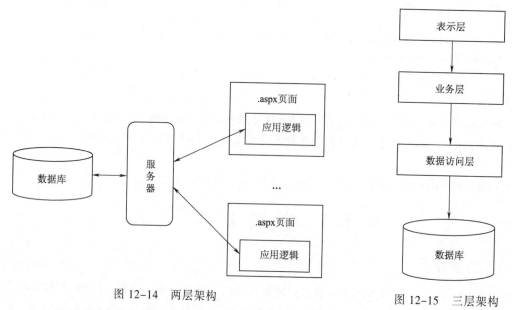

图 12-14　两层架构　　　　　　　图 12-15　三层架构

表示层包括网站的 UI 元素，并且包含管理访问者和客户的业务之间交互的所有程序逻辑。该层使整个网站充满活性，而且这一层的设计方法对网站的成功至关重要。由于应用系统是一个 Web 网站，因此表示层将由动态 Web 页面组成。

业务层（也称为中间层）接收来自表示层的请求，并基于其包含的业务逻辑，向表示层返回一个结果。例如，如果访问者进行一次商品搜索，那么表示层将调用业务层，请求"请将与该搜索条件相匹配的商品发给我。"在大多数情况下，业务层都需要调用数据层，以获得响应表示层请求所需的信息。

数据访问层负责保存应用系统的数据，并当有请求时发送给业务层。

这些层是纯逻辑的，对于每个层的物理位置并没有约束，可以自由地部署应用程序。也就是说，甚至可以将所有的层都部署在单一的服务器上。同样，也可以将每个层部署在不同的服务器上。

在三层架构模型中有一个很重要的约束，即在层之间的数据传递必须遵从特定的顺序。表示层只允许访问业务层，而从不直接访问数据层。业务层就像中间的"大脑"，负责与其他层通信，处理和协调所有信息流。如果表示层直接与数据层交互，则三层架构的编程规则将被打破。

12.2.3 N 层体系结构的优势

N 层体系结构的一些优势如下：

- 对用户界面或应用程序逻辑的修改几乎完全独立于其他部分，使得应用程序很容易地更新、升级，以满足用户的需求。
- 将网络瓶颈最小化，因为应用程序层不会将额外的数据传递给客户，只会传递处理任务所必需的数据。
- 当需要修改业务逻辑时，只需要更新服务器。而在两层体系结构中，当修改了业务逻辑之后，每个客户都必须进行修改。
- 将客户与数据库和网络操作隔离。客户可以很容易地、快捷地访问数据而无须知道数据在哪里以及系统中有多少台服务器。
- 企业机构可以拥有独立的数据库，因为数据层是使用标准 SQL 编写的，它独立于平台，这样企业就不用依赖于供应商特定的存储过程。
- 可以通过允许多个客户使用相同业务逻辑层的服务来添加多个层之间的完全依赖性。例如，Windows 表单应用程序和 Web 应用程序都可以使用相同的底层业务层。

12.2.4 ObjectDataSource 控件

为了适应多层开发，ASP.NET 2.0 提供了 ObjectDataSource 控件。它能将来自数据访问层或业务层的数据对象与表示层中的数据绑定控件（如 GridView、DataList 和 DropDownList 等）绑定，轻松地实现数据的显示、编辑和排序等任务。这种方法提供了清晰的分离结构和代码封装，从而无须在表示层中编写数据访问代码。

ObjectDataSource 控件的基本声明方法如下：

```
<asp:ObjectDataSource ID="ObjectDataSource1"
runat="server"
TypeName="ClassName"
SelectMethod="MethodName"></asp:ObjectDataSource>
```

其中，TypeName 属性设置相关业务类的名称；SelectMethod 属性为业务类中实现检索数据的方法名称，该方法必须返回一个可枚举的列表对象，如集合、数组、DataSet 和 DataReader 等，或者返回业务实体对象。同样，还可以设置 InsertMethod、UpdateMethod 和 DeleteMethod 等属性，与业务类中的方法相关联，实现数据的添加、删除和修改。

12.2.5 分层实现

下面给出使用多层架构实现图书信息维护的代码，表示层为页面 Default.aspx，业务层类为 BookBLL，数据访问层类为 BookDAL，实体类 BookModel 为用于存储图书信息并在各层间传递的数据对象。各类之间的关系如图 12-16 所示。

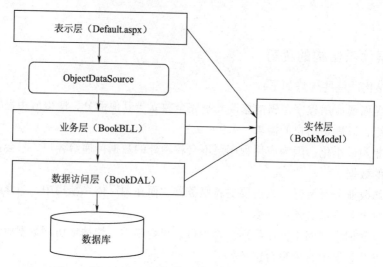

图 12-16 图书信息的维护的多层实现

> **提 示**
> 在一个大的系统中，各层一般单独创建一个项目。

1. 实体类 BookModel

实体类 BookModel 的代码如下：

```
public class BookModel
{
    int bookID;                  //图书编号
    string isbn;
    string bookName;             //书名
    string bookImage;            //封面图片（文件路径）
    string categoryID;           //类别
    string author;               //作者
    string price;                //价格
    string description;          //描述
    public int BookID
    {
        get { return bookID; }
        set { bookID = value; }
    }
    public string ISBN
    {
        get { return isbn; }
        set { isbn=value; }
    }
    public string BookName
    {
        get { return bookName; }
        set { bookName=value; }
```

```csharp
    }
    public string BookImage
    {
        get { return bookImage; }
        set { bookImage=value; }
    }
    public string CategoryID
    {
        get { return categoryID; }
        set { categoryID=value; }
    }
    public string Author
    {
        get { return author; }
        set { author=value; }
    }
    public string Price
    {
        get { return price; }
        set { price=value; }
    }
    public string Description
    {
        get { return description; }
        set { description=value; }
    }
}
```

2. 数据访问类 BookDAL

数据访问类 BookDAL 的代码如下：

```csharp
…
using System.Data.SqlClient;
using System.Collections.Generic;
public class BookDAL
{
    public IList<BookModel> SelectAllBook()
    {
        List<BookModel> books=new List<BookModel>();
        string sql="select * from book";
        DBHelper helper=new DBHelper();
        SqlDataReader reader=helper.GetReader(sql);
        while (reader.Read())
        {
            BookModel book=new BookModel();
            book.BookID=Convert.ToInt32(reader["BookID"]);
            book.Author=reader["Author"].ToString();
            book.BookImage=reader["bookImage"].ToString();
```

```csharp
            book.BookName=reader["BookName"].ToString();
            book.CategoryID=reader["CategoryID"].ToString();
            book.Description=reader["Description"].ToString();
            book.ISBN=reader["ISBN"].ToString();
            book.Price=reader["Price"].ToString();
            books.Add(book);
        }
         reader.Close();
         return books;
    }
    public void InsertBook(BookModel book)
    {
        string sql="insert into book (ISBN,bookName,bookImage,categoryID,
        author,price,description) values (@ISBN,@bookName,@bookImage,
        @categoryID,@author,@price,@description)";
        DBHelper objDBHelper=new DBHelper();
        SqlParameter[] para=new SqlParameter[]
        {
           new SqlParameter("@ISBN",book.ISBN),
           new SqlParameter("@bookName",book.BookName),
           new SqlParameter("@bookImage",book.BookImage ),
           new SqlParameter("@categoryID",book.CategoryID ),
           new SqlParameter("@author",book.Author),
           new SqlParameter("@price",book.Price),
           new SqlParameter("@description",book.Description),
        };
        DBHelper helper=new DBHelper();
        helper.ExecuteCommand(sql, para);
    }
    public void DeleteBook(int bookID)
    {
        DBHelper objDBHelper=new DBHelper();
        string sql="delete book where bookID=@bookID";
        SqlParameter[] para=new SqlParameter[]
        {
           new SqlParameter("@bookID", bookID)
        };
        DBHelper helper=new DBHelper();
        helper.ExecuteCommand(sql, para);
    }
    public void UpdateBook(BookModel book)
    {
        string sql="update book set ISBN=@ISBN,bookName=@bookName,book Image=
        @bookImage,categoryID=@categoryID,author=@author,price=@price,
        description=@description where bookID=@bookID";
        DBHelper objDBHelper=new DBHelper();
```

```csharp
        SqlParameter[] para=new SqlParameter[]
        {
           new SqlParameter("@ISBN",book.ISBN),
           new SqlParameter("@bookName",book.BookName),
           new SqlParameter("@bookImage",book.BookImage ),
           new SqlParameter("@categoryID",book.CategoryID ),
           new SqlParameter("@author",book.Author),
           new SqlParameter("@price",book.Price),
           new SqlParameter("@description",book.Description),
           new SqlParameter("@bookID", book.BookID)
        };
        DBHelper helper=new DBHelper();
        helper.ExecuteCommand(sql, para);
    }


}
```

3. 业务类 BookBLL

业务类 BookBLL 的代码如下：

```csharp
...
using System.Collections.Generic;
//<summary>
//BookBll 的摘要说明
//</summary>
public class BookBLL
{
    BookDAL bookDAL=new BookDAL();
    public IList<BookModel> SelectAllBook()
    {
       return bookDAL.SelectAllBook();
    }
    public void InsertBook(BookModel book)
    {
        bookDAL.InsertBook(book);
    }
    public void DeleteBook(BookModel book)
    {
       bookDAL.DeleteBook(book.BookID);
    }
    public void UpdateBook(BookModel book)
    {
       bookDAL.UpdateBook(book);
    }
}
```

4. 表示层 Default.aspx 页面

表示层 Default.aspx 页面的代码如下：

```
<div>
<asp:GridView ID="GridView1" runat="server" AutoGenerateColumns=" False"
   DataSourceID="ObjectDataSource1" DataKeyNames="bookID">
   <Columns>
      <asp:CommandField ShowDeleteButton="True" ShowEditButton=" True" />
      <asp:BoundField DataField="BookID" HeaderText="BookID"
         SortExpression="BookID" />
      <asp:BoundField DataField="BookImage" HeaderText="BookImage"
         SortExpression="BookImage" />
      <asp:BoundField DataField="BookName" HeaderText="BookName"
         SortExpression="BookName" />
      <asp:BoundField DataField="ISBN" HeaderText="ISBN" SortExpression=
         "ISBN" />
      <asp:BoundField DataField="Author" HeaderText="Author" SortExpression=
         "Author" />
      <asp:BoundField DataField="CategoryID" HeaderText="Category ID"
         SortExpression="CategoryID" />
      <asp:BoundField DataField="Price" HeaderText="Price" SortExpression=
         "Price" />
      <asp:BoundField DataField="Description" HeaderText="Description"
         SortExpression="Description" />
   </Columns>
</asp:GridView>
</div>
<asp:ObjectDataSource ID="ObjectDataSource1" runat="server"
   SelectMethod ="SelectAllBook" TypeName="BookBLL" DataObjectTypeName=
   "BookModel" Delete Method="Delete Book" UpdateMethod="UpdateBook">
</asp:ObjectDataSource>
```

12.3 知识拓展

大量用户同时访问 Web 服务器上的 Web 应用程序时，通常会降低访问的速度。这是用户访问服务器时常见的并且是难以解决的问题之一，因此，访问速度是决定 Web 站点成功的关键因素。

缓存是一种无须大量时间和分析就可以获得足够良好的性能的方法，要提高性能，应该首先想到缓存。缓冲临时性地在本地硬盘上存放 Web 应用程序常用到的数据，便于以后的使用，以后对某一站点的访问将在缓冲中处理，而不在 Web 服务器中，因此，服务器的负载将大大降低，从而提高响应速度。

12.3.1 页面级输出缓存

页面级输出缓存将已经生成的动/静态页面的全部内容保存在服务器内存中。当有请求时，系统将缓存中的相关数据直接输出，直到缓存数据过期。

在这个过程中缓存不需要再次经过页面处理生命周期。这样可以缩短请求响应时间，提高应用程序性能。很显然，页面输出缓存对那些数据经常更新的页面并不适用。

要实现页面输出缓存，只要将 OutputCache 指令添加到页面即可，它支持如下属性：
- Duration：必需属性。页面应该被缓存的时间，以秒为单位，必须是正整数。
- Location：指定应该对输出进行缓存的位置。如果要指定该参数，则必须是 Any、Client、Downstream、None、Server 或 ServerAndClient 之一。
- VaryByParam：用";"分隔，默认情况下这些字符串与用 GET 方法属性发送的查询字符值相对应，或与用 POST 方法发送的参数相对应。当将该属性设置为多参数时，对于每个指定的参数，输出缓存都包含一个请求文档的不同版本。可能的值包括 none、"*"和任何有效的查询字符串或 POST 参数名称，若不需要缓存内容随任何指定参数发生变化，则可设置为 none，若根据所有参数值发生变化，则设置为"*"。
- VaryByHeader：基于指定的标头中的变动改变缓存条目。

示例：

```
<%@ OutputCache Duration="60" VaryByParam="none"%>
```

指示页面输出的有效期是 60 s，并且页面不随着任何 GET 或 POST 参数的改变而改变。在该页面被缓存时，接收到的请求由缓存数据提供服务，100 s 后将从缓存中移除该页面的数据，随后显示处理下一个请求并再次缓存。

```
<%@ OutputCache Duration="60" VaryByParam="userName"%>
```

其中@OutputCache 指令设置页面输出缓存的有效期是 60 s，并根据查询字符串参数 userName 来设置输出缓存。

12.3.2 页面部分缓存

页面部分缓存是指输出缓存页面的某些部分，而不是缓存整个页面的内容。片段缓存使用的语法与页面级输出缓存一样，但其应用于用户控件（.ascx 文件）而不是 Web 窗体（.aspx 文件）。除了 Location 属性，对于 OutputCache 在 Web 窗体上支持的所有属性，用户控件也同样支持。用户控件还支持名为 VaryByControl 的 OutputCache 属性，该属性将根据用户控件（通常是页面上的控件，例如 DropDownList）成员的值改变该控件的缓存。如果指定了 VaryByControl，则可以省略 VaryByParam。最后，在默认情况下对每个页面上的每个用户控件都单独进行缓存。不过，如果一个用户控件不随应用程序中页面的改变而改变，并且在所有页面都使用相同的名称，则可以应用 Shared="true"参数，该参数将使用户控件的缓存版本供所有引用该控件的页面使用。

12.3.3 在 Cache 中存储数据

在 ASP.NET 中，缓存的真正灵活性和强大的功能是通过 Cache 对象提供的。使用 Cache 对象,用户可以存储任何可序列化的数据对象，基于一个或多个依赖项的组合来控制缓存条目到期的方式。这些依赖项可以包括自从项被缓存后经过的时间、自从项上次被访问后经过的时间、对文件和（或）文件夹的更改以及对其他缓存项的更改，在略做处理后还可以包括对数据库中特定表的更改。

在 Cache 中存储数据比较简单的方法是使用一个键为其赋值，就像 HashTable 或 Dictionary 对象一样：

```
Cache["key"] = "value"
```

这种做法将在缓存中存储项,同时不带任何依赖项,因此它不会到期,除非缓存引擎为了给其他缓存数据提供空间而将其删除。要包括特定的缓存依赖项,可使用 Add()或 Insert()方法,其中每个方法都有几个重载。Add()和 Insert()方法之间的唯一区别是,Add()方法返回对已缓存对象的引用,而 Insert()方法没有返回值(在 C#中为空)。

示例:

```
Cache.Insert("key", myXMLFileData, new System.Web.Caching.CacheDependency(Server.MapPath("users.xml")))
```

可将文件中的 XML 数据插入缓存,无须在以后请求时从文件中读取。Cache Dependency 的作用是确保缓存在文件更改后立即到期,以便可以从文件中提取最新数据重新进行缓存。

```
Cache.Insert*("key",myFrequentlyAccessedData,null,System.Web.Caching.Cache.NoAbsoluteExpiration, TimeSpan.FromMinutes(1))
```

绝对到期:此示例将对受时间影响的数据缓存 1 min,1 min 过后缓存将到期。

```
Cache.Insert*("key",myFrequentlyAccessedData,null,System.Web.Caching.Cache.NoAbsoluteExpiration, TimeSpan.FromMinutes(1))
```

滑动到期:此示例将缓存一些频繁使用的数据。数据将在缓存中一直保留下去,除非数据未被引用的时间达到 1 min。

习 题

1. 什么是 Web 服务?它有什么作用?
2. 三层架构有哪三层?各层起什么作用?
3. 什么情况下可以进行网页缓存?网页缓存能带来什么好处?
4. 多层结构有哪些优点?
5. 简述 ObjectDataSource 控件的基本语法与含义。
6. 上机调试本章例题。
7. 上机完成图书展示页面。

第 13 章

网上书店系统

前面介绍了 ASP.NET 开发的一些知识和技术,本章将通过一个完整的网上书店系统案例,使读者对使用 ASP.NET 开发完整项目有总体的了解,对所学知识能够融会贯通。

本章目标
- ☑ 了解系统的分析方法
- ☑ 掌握网站整体结构的设计方法
- ☑ 掌握购物车的设计方法
- ☑ 掌握项目中与数据库的交互
- ☑ 掌握 ASP.NET 常用控件的使用方法

13.1 系统概述

网络技术的飞速发展极大地影响了商业交易中传统的交易方式和流通方式。随着业务的不断扩大,书店的规模也不断扩大,迫切需要创建相应的网上书店。利用电子商务的优势同现有销售模式和流通渠道相结合,扩大消费市场,可以为书店的再发展带来新的商机,也为各地消费者提供便利,并降低商业成本。

这里介绍的网上书店系统主要是针对中小型书店,图书管理员将图书信息整理归类并发布到网上,用户登录该网站后,首先要注册为会员才能购买图书,然后提交购书单给图书管理员,同时将费用通过电汇或邮寄的方式交付到图书管理员处。管理员在收到付款后发货给购物者,并同时更新网上有关该订书单的付款状态,从而完成一次交易。

13.2 系统功能

用户进入该网站后,可以浏览该网站的商品的内容,查询需要的商品信息;用户注册登录后,可以通过购物车选购商品,下订单。管理员在该网站中可以管理货物和顾客的资料等。本网上书店系统提供的功能如图 13-1 所示。

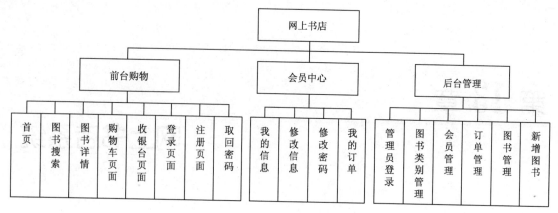

图 13-1　网上书店系统提供的功能

13.3　购物流程

　　网上书店系统的购物流程如图 13-2 所示，顾客可以浏览商品目录，进行商品查询并浏览商品的详细信息，找到要购买的商品，然后将选定的商品放入购物车中。购物车是一个商品的临时存放地，顾客可以对购物车进行管理，如删除或修改其中的商品。顾客完全选定了要购买的商品后，就可以进入收银台向系统下订单，这时如果未登录，则转向登录页面，登录成功后自动进入收银台，填写发货地址并确认订单后，前台的顾客操作流程就结束了。然后，顾客汇款完成支付操作，管理员收到货款后发货，顾客收到商品并确认后即可完成一次交易过程。

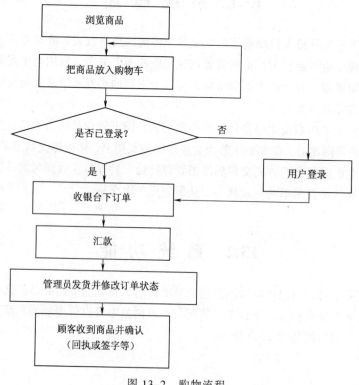

图 13-2　购物流程

13.4 公用文件

13.4.1 Common 类

在程序中经常需要用 JavaScript 弹出提示框或运行一段 JavaScript 代码，为了方便使用 JavaScript，把对 JavaScript 的使用封装成 Common 类中的两个函数。Common 类对应的文件为 Common.cs，其主要代码如下：

```
public class Common
{
    //运行 JavaScript 语句
    public static void runScript(string msg)
    {
        HttpContext.Current.Response.Write("<script>"+msg+"</script>");
    }
    //显示 JavaScript 提示信息
    public static void showMessage(Page page,string msg)
    {
        page.ClientScript.RegisterClientScriptBlock(page.GetType(),
            "message", " <script>alert('"+msg+"');</script>");
    }
}
```

说明：showMessage()方法中没有使用 Response.Write()来输出 JavaScript 的提示框，因为这样在弹出 JavaScript 提示框后，会对使用样式的页面布局产生破坏。

13.4.2 DBHelper 类

从软件工程的角度来讲，代码要尽可能地实现重用，或者说，同样的代码要避免写两次。在前面的编程中可以感觉到数据库操作的代码有许多重复的地方，因此，DBHelper 类把对数据库操作的共同部分提炼出来，并封装到一个类中，以后通过调用类中的方法，轻松地实现数据库的操作。这样，用户可以把编程的精力集中在实现应用的逻辑上。DBHelper 类在文件 DBHelper.cs 中，主要代码如下：

```
using System;
using System.Collections.Generic;
using System.Text;
using System.Data;
using System.Data.SqlClient;
using System.Configuration;
public class DBHelper
{
    public static string connstr = System.Configuration.ConfigurationManager.
        ConnectionStrings["bookshopConnectionString"].ConnectionString;
    private DBHelper()
    {
```

```csharp
    }
    // 执行 sql 并返回影响行数
    public static int execSql(string safeSql)
    {
        int result;
        SqlConnection conn=new SqlConnection(connstr);
        SqlCommand cmd=new SqlCommand(safeSql, conn);
        conn.Open();
        try
        {
            result=cmd.ExecuteNonQuery();
        }
        finally
        {
            conn.Close();
        }
        return result;
    }
    // 执行 sql 并返回影响行数
    public static int execSql(string sql, params SqlParameter[] values)
    {
        int result=0;
        SqlConnection conn=new SqlConnection(connstr);
        SqlCommand cmd=new SqlCommand(sql, conn);
        cmd.Parameters.AddRange(values);
        conn.Open();
        try
        {
            result=cmd.ExecuteNonQuery();
        }
        finally
        {
            conn.Close();
        }
        return result;
    }
    // 执行 sql 并返回执行结果中的第一列
    public static int execScalar(string safeSql)
    {
        int result;
        SqlConnection conn=new SqlConnection(connstr);
        SqlCommand cmd=new SqlCommand(safeSql, conn);
        conn.Open();
        try
        {
```

```csharp
            result=Convert.ToInt32(cmd.ExecuteScalar());
        }
        finally
        {
            conn.Close();
        }
        return result;
    }
    // 执行sql并返回执行结果中的第一列
    public static int execScalar(string sql, params SqlParameter[] values)
    {
        int result;
        SqlConnection conn=new SqlConnection(connstr);
        SqlCommand cmd=new SqlCommand(sql, conn);
        cmd.Parameters.AddRange(values);
        conn.Open();
        try
        {
            result = Convert.ToInt32(cmd.ExecuteScalar());
        }
        finally
        {
            conn.Close();
        }
        return result;
    }
    // 执行sql并返回sqldatareader
    public static SqlDataReader execReader(string safeSql)
    {
        SqlConnection conn=new SqlConnection(connstr);
        SqlCommand cmd=new SqlCommand(safeSql, conn);
        conn.Open();
        SqlDataReader reade=cmd.ExecuteReader(CommandBehavior.CloseConnection);
        return reader;
    }
    // 执行sql并返回获得sqldatareader
    public static SqlDataReader execReader(string sql, params SqlParameter[] values)
    {
        SqlConnection conn=new SqlConnection(connstr);
        SqlCommand cmd=new SqlCommand(sql, conn);
        cmd.Parameters.AddRange(values);
        conn.Open();
       SqlDataReader reader =cmd.ExecuteReader(CommandBehavior.CloseConnection);
        return reader;
```

```
    }
    // 执行sql并返回DataSet
    public static DataSet execDataSet(string safeSql)
    {
        SqlConnection conn=new SqlConnection(connstr);
        DataSet ds=new DataSet();
        SqlCommand cmd=new SqlCommand(safeSql, conn);
        SqlDataAdapter da=new SqlDataAdapter(cmd);
        da.Fill(ds);
        return ds;
    }
    // 执行sql并返回DataSet
    public static DataSet execDataSet(string sql, params SqlParameter[]
        values)
    {
        SqlConnection conn = new SqlConnection(connstr);
        DataSet ds=new DataSet();
        SqlCommand cmd=new SqlCommand(sql, conn);
        cmd.Parameters.AddRange(values);
        SqlDataAdapter da=new SqlDataAdapter(cmd);
        da.Fill(ds);
        return ds;
    }
}
```

13.4.3 外观文件

外观文件 SkinFile1.skin 中定义了 GridView 控件与 TextBox 控件的显示外观，其目的是统一整个网站的 GridView 控件与 TextBox 控件的显示，以方便以后的调整。SkinFile1.skin 的主要代码如下：

```
<asp:GridView runat="server" BorderWidth="1px" CssClass="gridview"CellPadding="4" GridLines="Horizontal" AllowPaging="True" >
    <FooterStyle BackColor="#507CD1" Font-Bold="True" ForeColor="White" />
    <RowStyle BackColor="#EFF3FB" height="20px"/>
    <EditRowStyle BackColor="#FFC0FF" />
    <SelectedRowStyle BackColor="#D1DDF1" Font-Bold="True" ForeColor="#333333" />
    <HeaderStyle BackColor="#507CD1" Font-Bold="True" ForeColor="White" />
    <AlternatingRowStyle BackColor="White" />
    <PagerSettings Mode="NumericFirstLast"PageButtonCount="6"/>
</asp:GridView>
<asp:TextBox runat="server" BorderColor="Silver" BorderStyle="Solid" BorderWidth=" 1px" ></asp:TextBox>
```

为了使 SkinFile1.skin 中的定义生效，在 Web.config 文件的 system.web 节中增加以下语句：
```
<pages theme="theme1" />
```

13.4.4 样式文件

为了统一控制网站的外观,使用样式文件定义表格、链接等样式。样式文件 style.css 的代码如下:

```css
BODY
{
    margin:0;
    width:100%;
    font-family: "宋体";
    font-size: 14px;
    height:100%;
}
A:visited {
    TEXT-DECORATION: none
}
A:active {
    COLOR: #00f; TEXT-DECORATION: none
}
A:link {
    COLOR:Blue; TEXT-DECORATION: none
}
A:hover {
    TEXT-DECORATION: underline
}
#menu
{
    font-weight:bold;
}
#menu A:link {
    COLOR:White; TEXT-DECORATION: none
}
#menu A:visited  {
    COLOR:White;  TEXT-DECORATION: none
}
#menu A:hover {
    COLOR:Blue;  TEXT-DECORATION: none
}
table{
    border:0;
    border-collapse:collapse;
}
td{
    font-family: "宋体";
    font-size: 14px;
    border:0px;
```

```
    }
    .table2{
        border:solid 1px ;
    }
    p{
        font-family: "宋体";
        font-size: 14px;
    }
    h3
    {
        color:pink;
        font-weight:bold;
        margin:0;
    }
```

说明：在 Web.config 文件中语句<pages theme="theme1" />使外观生效时，同时使样式文件作用于所有的页面。

13.4.5 购物车类

人们到超市购买东西时，总是先将想买的商品从货架上取下来，放到购货车中，然后集中起来结账、付款。网上商店模拟这个购物过程，先让客户从不同的网页中选取商品，并将这些商品集中到"购货车"中一起结账，最后生成完整的订单。网上购货车不同于实际的购货车，它是一种虚拟结构，称为"虚拟购货车"。购物车类 ShopCart 模仿实际购物中的行为，提供了向购物车中加入图书、从购物车中移去图书、修改购买的图书的数量以及下订单等功能。购物车类主要代码如下：

文件 ShopCart.cs：

```csharp
using System;
using System.Data;
using System.Data.SqlClient;
using System.Configuration;
public class ShopCart
{
    private DataTable dt;
    public ShopCart()
    {
        dt=new DataTable();
        dt.Columns.Add(new DataColumn("bookID", typeof(int)));
        dt.Columns.Add(new DataColumn("price", typeof(double)));
        dt.Columns.Add(new DataColumn("author", typeof(string)));
        dt.Columns.Add(new DataColumn("bookName", typeof(string)));
        dt.Columns.Add(new DataColumn("quantity", typeof(int)));
    }
    //功能:向购物车增加一本书
    //bookID:图书编号
```

```csharp
public void Add(int bookID)
{
    DataView dv=new DataView(dt);
    dv.Sort="bookID";                   //按图书编号排序
    int n=dv.Find(bookID);              //查找图书编号为bookID所在行
    if (n==-1)                          //购物车中无图书编号为bookID,在购物车中增加一条记录
    {
        DataRow dr=dt.NewRow();
        dr["bookID"]=bookID;
        string sql="select*from book where bookid=@bookID";
        SqlParameter[] para=new SqlParameter[]
        {
            new SqlParameter("@bookID",bookID)
        };
        SqlDataReader reader=DBHelper.execReader(sql,para);
        reader.Read();
        dr["price"]=reader["price"];
        dr["author"]=reader["author"];
        dr["bookName"]=reader["bookName"];
        dr["quantity"]=1;
        dt.Rows.Add(dr);
        reader.Close();
    }
    else
    {
        if(n==-1)    //购物车已有该书,该书数量加
        dv[n]["quantity"]=(int)dv[n]["quantity"] + 1;
    }
    // dv.Sort=null;
}
//bookID:图书编号
//qty:图书数量
//功能:更新购物车中图书的数量
public void Update(int bookID, int qty)
{
    if(qty==0)
    {
        Remove(bookID);
    }
    else
    {
        DataView dv=new DataView(dt);
        dv.Sort="bookID";
        int n=dv.Find(bookID);
        dv[n]["quantity"]=qty;
```

```csharp
        }
    }
    //bookID:图书编号
    //功能:从购物车中移除某本书
    public void Remove(int bookID)
    {
        DataView dv=new DataView(dt);
        dv.Sort="bookID";
        int n=dv.Find(bookID);
        dv.Delete(n);
    }
    //UserName:用户名; truename:真实名; postcode:邮编; address:地址; tel:电话;
    //memo:备注
    //功能:下订单,把购物车信息与发货地址写到订单表与订单明细表
    public int payorder(string UserName, string truename, string postcode,
        string address, string tel, string memo)
    {
        int orderID;
        SqlConnection conn=new SqlConnection(ConfigurationManager.Connection
            Strings["bookshopConnectionString"].ConnectionString);
        //写订单表
        SqlCommand cmd = new SqlCommand("INSERT INTO orders(userName,truename,
            postcode,address,tel,memo,totalPrice,isPay,isDeliver,orderDate)
            VALUES(@userName,@truename,@postcode,@address,@tel,@memo,@tota
            lPrice,@isPay,@isDeliver,@orderDate)", conn);
        conn.Open();
        SqlTransaction objTrans = conn.BeginTransaction();   //开始事务
        cmd.Transaction = objTrans;
        try
        {
            cmd.Parameters.Add("@userName", SqlDbType.NVarChar,15).Value=User
                Name;
            cmd.Parameters.Add("@truename", SqlDbType.NVarChar,15).Value=
                truename;
            cmd.Parameters.Add("@postcode", SqlDbType.NVarChar, 10).Value=
                postcode;
            cmd.Parameters.Add("@address", SqlDbType.NVarChar, 50).Value=
                address;
            cmd.Parameters.Add("@tel", SqlDbType.NVarChar, 20).Value=tel;
            cmd.Parameters.Add("@memo", SqlDbType.NVarChar, 200).Value=memo;
            cmd.Parameters.Add("@totalPrice", SqlDbType.Decimal).Value=get
                Totalprice();
            cmd.Parameters.Add("@isPay", SqlDbType.Char,1).Value="0";
            cmd.Parameters.Add("@isDeliver", SqlDbType.Char, 1).Value="0";
```

```csharp
            cmd.Parameters.Add("@orderDate", SqlDbType.DateTime).Value=
                DateTime.Now.ToLongTimeString();
            cmd.ExecuteNonQuery();
            //写订单明细表
            cmd.CommandText="select max(orderID) as orderID from orders";
            orderID=(int)cmd.ExecuteScalar();
            cmd.CommandText="INSERT INTO orderDetail( orderID, bookID,
                quantity, price) values(@orderID, @bookID, @quantity, @price)";
            cmd.Parameters.Add("@orderID", SqlDbType.Int);
            cmd.Parameters.Add("@bookID", SqlDbType.Int);
            cmd.Parameters.Add("@quantity", SqlDbType.Int);
            cmd.Parameters.Add("@price", SqlDbType.Decimal);
            foreach (DataRow dr in dt.Rows)
            {
                cmd.Parameters["@orderID"].Value=orderID;
                cmd.Parameters["@bookID"].Value=(int)dr["bookID"];
                cmd.Parameters["@quantity"].Value=(int)dr["quantity"];
                cmd.Parameters["@price"].Value=(double)dr["price"];
                cmd.ExecuteNonQuery();
            }
            objTrans.Commit();          //提交事务
            return orderID;
        }
        catch(Exception ex)
        {
            objTrans.Rollback();    //回滚事务
            return -1;
        }
        finally
        {
            conn.Close();
        }
    }
    //功能:返回购物车中图书列表
    public DataTable ShowCart()
    {
        return dt;
    }
    //功能:取得购物车中所有图书的总价格
    public double getTotalprice()
    {
        double total=0;
        foreach(DataRow dr in dt.Rows)
        {
            total=total+(double)dr["price"]*(int)dr["quantity"];
```

```
        }
        return total;
    }
//功能:取得购物车中不同图书的数量
public int getTotalCount()
{
    return dt.Rows.Count;
}
//功能:清空购物车
public void clear()
{
    dt.Clear();
}
}
```

13.5 前台购物系统

13.5.1 前台母版页

为了统一前台各购物页面的外观设计，也为了方便维护，前台购物页面使用 Default.master 母版页，其界面如图 13-3 所示。

图 13-3 母版页

母版页的顶部、左侧与底部分别使用了用户控件 head1.ascx、Left.ascx 与 Foot.ascx，其中 Left.ascx 使用了登录用户控件 Login.ascx。

文件 Login.ascx：

```
<%@ Control Language="C#" AutoEventWireup="true" CodeFile="Login.ascx.cs"
    Inherits="Controls_Login" %>
<script language="javascript" type="text/javascript">
    function Change()
{
    document.getElementById("Valide").src="images/image.aspx?id="+new Date().
       getTime();
}
</script>
<asp:MultiView ID="MultiView1" runat="server">
  <asp:View ID="View1" runat="server">
      <table class="table2" align=center style=" margin-top:0;width:200px;
         height:180px; border :1px ">
         <tr>
            <td align="center" colspan="2">
                <strong>用户登录</strong></td>
         </tr>
      <tr>
        <td align="right" style="width:30%">姓  名:</td>
        <td style="width:70%"  align="left" ><asp:TextBox id="txtuserName"
           runat="server"  MaxLength="18" Width="100px">wjh</asp:TextBox></td>
      </tr>
      <tr>
        <td align="right" style="width:30%">密  码:</td>
        <td style="width:70%"  align="left" ><asp:TextBox id="txtPWD" runat="
           server"  MaxLength="18" Width="100px">123</asp:TextBox></td>
      </tr>
      <tr>
        <td align="right" style="width:30%;">
           验证码:</td>
        <td style="width:70%; height: 32px;"  align="left" ><asp:TextBox
           id="txtValidate" runat="server" ToolTip="请输入验证码" MaxLength="10"
           Width= "40px"></asp:TextBox>
           <img id="Valide" src="images/image.aspx"onclick="Change()" alt="点
           击更换..." height="22" width="70px" style="vertical-align:bottom;" />
        </td>
      </tr>

      <tr>
        <td colspan="3" style="width: 206px" align="center">
```

```
            <asp:Button ID="btnLogin" runat="server" Text="登录" On
              Click="btnLogin_Click" />
             <asp:HyperLink ID="HyperLink3"runat="server"Navigate
              Url= "~/Register.aspx">注册</asp:HyperLink>
           <asp:HyperLink ID="HyperLink1" runat="server" NavigateUrl="~/
              GetPassword.aspx">忘记密码?</asp:HyperLink><br />
             
           </td>
       </tr>
     </table>
   <br />
   </asp:View>
   <asp:View ID="View2" runat="server">
       <br />
       <br />
<table align="center" class="table2" cellspacing="5px" Width=" 200px">
       <tr>
          <td style="width: 125px; " >欢迎您:   <asp:Label ID="lblUserName"
             runat="server" ForeColor="Red" Text="Label"></asp:Label>
          </td>
       </tr>
       <tr>
          <td align="left" style="width: 125px" ><a href="Logout.aspx"></a>
             <asp:LinkButton ID="lnkLogOut" runat="server" OnClick="lnkLogOut_
                Click">注销</asp:LinkButton>
                
             <asp:HyperLink ID="HyperLink2" runat="server" NavigateUrl="~/user/
                UserInfo.aspx">我的空间</asp:HyperLink><br /><br />
             </td>
       </tr>
     </table>
   </asp:View>
</asp:MultiView> 
```

文件 Login.ascx.cs:
```
using System;
using System.Collections.Generic;
using System.Web;
using System.Web.UI;
using System.Web.UI.WebControls;
using System.Data;
using System.Data.SqlClient;
public partial class Controls_Login : System.Web.UI.UserControl
{
    protected void Page_Load(object sender, EventArgs e)
```

```csharp
{
    if(!IsPostBack)
    {
        if(Session["userName"]!= null)
        {
            MultiView1.ActiveViewIndex=1;
            lblUserName.Text=Session["userName"].ToString();
        }
        else
        {
            MultiView1.ActiveViewIndex=0;
        }
    }
}
protected void lnkLogOut_Click(object sender, EventArgs e)
{
    Session.RemoveAll();
    Response.Redirect("~\\Default.aspx");
}
protected void btnChange_Click(object sender, EventArgs e)
{
    MultiView1.ActiveViewIndex=0;
}
protected void btnLogin_Click(object sender, EventArgs e)
{
    if(this.txtValidate.Text.Trim().ToLower()!= Session ["image"].ToString())
    {
        Common.showMessage(this.Page, "验证码错误!");
        return;
    }
    string sql="select *  from Users where userName=@username and PWD=@PWD";
    SqlParameter[] para=new SqlParameter[]
    {
        new SqlParameter("@userName", txtuserName.Text.Trim()),
        new SqlParameter("@PWD", txtPWD.Text.Trim())
    };

    SqlDataReader dr =DBHelper.execReader(sql, para);
    try
    {
        if(dr.Read())
        {
            Session["userName"]=dr["userName"].ToString();
            Session["PWD"]=dr["PWD"].ToString();
            lblUserName.Text=Session["userName"].ToString();
            MultiView1.ActiveViewIndex=1;
```

```
                }
                else
                {
                    Common.showMessage(this.Page, "用户名或密码错误！");
                }
            }
            finally
            {
                dr.Close();
            }
        }
    }
```

文件 Left.ascx:

```
<%@ Control Language="C#" ClassName="Left" %>
<%@ Register Src="Login.ascx" TagName="Login" TagPrefix="uc1" %>
<uc1:Login ID="Login1" runat="server" />
<asp:SqlDataSource ID="SqlDataSource1" runat="server" ConnectionString=
    "<%$ ConnectionStrings:bookshopConnectionString %>"
    SelectCommand="SELECT * FROM [category]"></asp:SqlDataSource>
<table class="table2" width="200px"  bgcolor="#EAEAEA" >
    <tr>
        <td style="width: 100px">图书分类
        </td>
    </tr>
</table>
<asp:DataList ID="DataList1" runat="server"
    BorderColor="#E0E0E0" BorderWidth="1px" DataKeyField="categoryid" Data
        SourceID="SqlDataSource1" RepeatColumns="2" Width="200px">
    <ItemTemplate>
               <img src="images/t2.gif" /><a href='Book
            List.aspx?categoryid=<%# Eval("categoryid") %>'>
        <span class="ProductListHead">
            <%# Eval("categoryname")%>
        </span></a></td>
    </ItemTemplate>
    <ItemStyle Height="25px" HorizontalAlign="Left" Width="220px" />
</asp:DataList>
```

13.5.2 首页

网上书店首页 Default.aspx 如图 13-4 所示，用户可以在其中浏览图书的基本信息，如果对某本书感兴趣，可以单击书名超链接链接到图书详情，了解更详细的情况。单击"购买"超链接可以把书添加到购物车中。

图 13-4　图书展示页面

该页面的图书展示使用用户控件 BookList.ascx 来实现，BookList.ascx 可以显示所有的图书信息，也可以按图书类别显示图书信息，还可以按照书名模糊搜索来显示图书信息。

文件 BookList.ascx

```
<%@ Control Language="C#" AutoEventWireup="true" CodeFile="BookList.ascx.cs"
    Inherits="Controls_BookList" %>
<br />
<asp:DataList ID="DataList1" runat="server" RepeatColumns="2"
    RepeatDirection="Horizontal" Width="100%">
  <ItemTemplate>
    <table border="0" width="300">
      <tr>
        <td width="25"></td>
        <td align="right" valign="middle" width="100">
        <a href='bookDetail.aspx?bookID=<%# Eval("bookID") %>'>
         <img border="0" height="120" width="100" alt="<%# Eval("bookName")
            %>" src='images/cover/<%# Eval("bookImage") %>'></a>
        </td>
        <td valign="middle" align="left"  width="200">
        <a href='bookDetail.aspx?bookID=<%# Eval("bookID") %>'>
         <span class="ProductListHead"><%# Eval("bookName") %></span>
         <br><br></a>
         <span class="ProductListItem"><b>价格：</b> <%# Eval( "price",
            "{0:c}") %></span>
         <br><br>
         <a href='MyShopCart.aspx?bookID=<%# Eval("bookID") %>'>
         <span class="ProductListItem"><font color="#9d0000"> 购 买 </font>
         </span>  </a>  </td>
      </tr>
    </table>
  </ItemTemplate>
```

```
      <ItemStyle Font-Size="Medium" />
      <HeaderStyle Font-Size="Medium" />
</asp:DataList>
<div style=" text-align:center">
<table style="width: 60%;text-align:center">
  <tr>
    <td style="height: 21px" ><asp:HyperLink ID="HyperLinkFirst" runat=
      "server">首页</asp:HyperLink></td>
    <td style="height: 21px" ><asp:HyperLink ID="HyperLinkPrev" runat="
      server">上一页</asp:HyperLink></td>
    <td style="height: 21px" ><asp:HyperLink ID="HyperLinkNext" runat="
      server">下一页</asp:HyperLink></td>
    <td style="height: 21px" ><asp:HyperLink ID="HyperLinkLast" runat="
      server">尾页</asp:HyperLink></td>
    <td style="width: 163px; height: 21px" ><asp:Label ID="Label1" runat="
      server"  Width="100px" Text="Label"></asp:Label></td>
  </tr>
</table>
</div>
```

文件 BookList.ascx.cs

```csharp
using System;
using System.Collections.Generic;
using System.Web;
using System.Web.UI;
using System.Web.UI.WebControls;
using System.Data;
using System.Data.SqlClient;
public partial class Controls_BookList : System.Web.UI.UserControl
{
    protected void Page_Load(object sender, EventArgs e)
    {
        string categoryID=Request.QueryString["categoryID"]==null ? "" :
          Request.QueryString["categoryID"].ToString();
        //当前页号
        int CurrentPageNo;
        //页面是否跳转
        if(Request.QueryString["pageNo"]!= null)
            //若有跳转请求,将当前页号设置到请求的页号
            CurrentPageNo=Convert.ToInt32(Request.QueryString["pageNo"]);
        else
            //否则当前页号为0
            CurrentPageNo=0;
        string sql="SELECT bookID, book.categoryID, ISBN, bookName,
          book Image,  price FROM book,category where book.categoryID=
          category. categoryID ";
        DataSet ds;
```

```csharp
        if(categoryID!= "")
        {
            sql=sql+" and book.categoryID=@categoryID";
            SqlParameter[] para=new SqlParameter[]
            {
                new SqlParameter("@categoryID",categoryID)
            };
            ds=DBHelper.execDataSet(sql, para);
        }
        else
        {
            ds=DBHelper.execDataSet(sql);
        }
        PagedDataSource pds=new PagedDataSource();
        //设置分页对象的数据源
        pds.DataSource=ds.Tables[0].DefaultView;
        //启用分页功能
        pds.AllowPaging=true;
        //每页行数
        pds.PageSize=6;
        //设置分页对象的当前页的索引
        pds.CurrentPageIndex=CurrentPageNo;
        DataList1.DataSource=pds;
        DataList1.DataBind();
        string keyword="";
        if(categoryID!= null)
        {
            keyword="&categoryID="+categoryID;
        }
        //设置"上一页"和"下一页"的导航路径
        if(!pds.IsFirstPage)
            HyperLinkFirst.NavigateUrl=Request.CurrentExecutionFilePath+
                "?pageNo=0" + keyword;
        if(!pds.IsFirstPage)
            HyperLinkPrev.NavigateUrl=Request.CurrentExecutionFilePath+
                "?pageNo="+Convert.ToString(CurrentPageNo-1)+ keyword;
        if(!pds.IsLastPage)
            HyperLinkNext.NavigateUrl=Request.CurrentExecutionFilePath+
                "?pageNo="+Convert.ToString(CurrentPageNo+1)+keyword;
        if(!pds.IsLastPage)
            HyperLinkLast.NavigateUrl=Request.CurrentExecutionFilePath +
                "?pageNo="+Convert.ToString(pds.PageCount-1)+ keyword;
        Label1.Text = "共"+pds.PageCount.ToString()+"页 第"+Convert.ToString
            (pds.CurrentPageIndex+1)+"页";
    }
}
```

13.5.3 图书搜索页面

图书搜索页面 Search.aspx 如图 13-5 所示，该页面提供根据书名模糊搜索的功能，如果没有输入书名直接单击"搜索"按钮，则显示全部图书的信息。

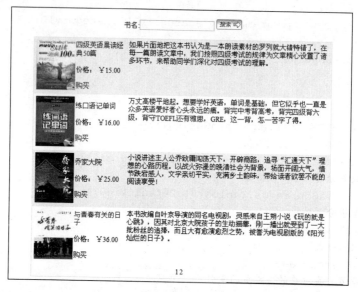

图 13-5　图书搜索页面

文件 Search.aspx:

```
<%@ Page Title="" Language="C#" MasterPageFile="~/Default.master" AutoEvent
    Wireup="true" CodeFile="Search.aspx.cs" Inherits="Search" %>
<asp:Content ID="Content1" ContentPlaceHolderID="ContentPlaceHolder1" Runat=
    "Server">
<div style="text-align: center">
     </div>
    <br />
书名:<asp:TextBox ID="TextBox1" runat="server" Width="150px"></asp: TextBox>
    <asp:ImageButton ID="ImageButton1" runat="server" OnClick="Button1_
        Click"ImageUrl="~/images/搜索.gif"/>
    <br />
    <br />
    <asp:GridView ID="GridView1" runat="server" AllowPaging="True" Auto
        Generate Columns="False" HorizontalAlign="Center" PageSize="4" Allow
        Sorting="True" ShowHeader="False" Width="80%" >
        <Columns>
        <asp:TemplateField >
          <ItemTemplate>
            <TABLE width="100%" border="0" style="text-align:left">
              <TR>
                <TD align="center" vAlign="middle" style="width: 10%"><A
                    href='bookDetail.aspx?bookID=<%# Eval( "bookID")
```

```
                    %>'><IMG src='images/ cover/<%# Eval("bookImage") %>'
                        width="80" height="100" border="0"> </A> </TD>
                    <td align="left" valign="middle" style="width: 20%"><A
                        href='bookDetail.aspx?bookID=<%# Eval("bookID") %>'><SPAN
                        class=" Product ListHead"><%# Eval("bookName")%></SPAN>
                        </A><BR>
                    <BR>
                        <SPAN class="ProductListItem">价格:  <%# Eval("
                            price", "{0:c}") %></SPAN><BR>
                    <BR>
                        <A href='MyShopCart.aspx?bookID=<%# Eval("bookID") %>'>
                        <SPAN class="ProductListItem"> <FONT color="#9d0000">
                            购买</FONT> </SPAN> </A></TD>
                         <td align="left" style="width: 100%" valign="top">
                            <%# Eval("description")%></td>
                    </TR>
                </TABLE>
            </ItemTemplate>
          </asp:TemplateField>
        </Columns>
      </asp:GridView>
</asp:Content>
```

文件 Search.aspx.cs:

```
using System;
using System.Collections.Generic;
using System.Web;
using System.Web.UI;
using System.Web.UI.WebControls;
using System.Data;
public partial class Search : System.Web.UI.Page
{
    protected void Page_Load(object sender, EventArgs e)
    {
        bind();
    }
    protected void Button1_Click(object sender, ImageClickEventArgs e)
    {
        bind();
    }
    void bind()
    {
        string sql= "  SELECT * FROM book where  bookName LIKE '%" + TextBox1 .Text
            + "%'";
        GridView1.DataSource=DBHelper.execDataSet(sql).Tables[0];
        GridView1.DataBind();
    }
```

}

13.5.4 图书详情页面

图书详情页面 BookDetail.aspx 如图 13-6 所示，该页面用于显示一本图书的详细情况，在网址中要传入图书号（bookID）。单击"购买"按钮即可把该图书放入购物车中。

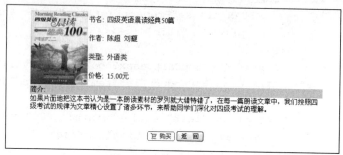

图 13-6 图书详情页面

该页面使用了用户控件 BookDetail.ascx。

文件 BookDetail.ascx：

```
<%@ Control Language="C#" ClassName="bookDetail" %>
<script runat="server">
    //单击购买
    protected void ImageButton1_Click(object sender,ImageClickEventArgs e)
    {
        string bookid=Request["bookid"].ToString();
        Response.Redirect("ShopCart.aspx?bookID="+bookid);
    }
</script>
<br />
<div style="text-align:center">
<asp:FormView ID="FormView1" runat="server"  DataSourceID="SqlDataSource1"
    Width="80%">
<ItemTemplate>
<table>
    <tr>
        <td style="width:120px;" rowspan="3" align="center"><img src=
            'images/cover/<%# Eval("bookImage") %>' alt="<%# Eval("bookName")%>"
            height="150" width="120" /></td>
        <td width="100%" align="left">书名:  <%#
            Eval("bookName")%></td>
    </tr>
    <tr>
        <td width="100%" align="left">作者:  <%# Eval("author")
            %></td>
    </tr>
    <tr>
        <td  width="100%"  align="left">价格:  <%# Eval("price")
```

```
                %>元</td>
            </tr>
            <tr align="left" style="background-color:#BFE0FB">
                <td colspan="2" width="100%"  align="left">简介:</td>
            </tr>
            <tr align="left">
                <td colspan="2"><%# Eval("description") %></td>
            </tr>
        </table>
    </ItemTemplate>
</asp:FormView>
    <br />
    <br />
<table cellpadding="3" cellspacing="0" width="100%">
<tr>
    <td align="center" style="height: 26px">
        <asp:ImageButton ID="ImageButton1" runat="server" ImageUrl=
            "~/images/购买_2.gif" OnClick="ImageButton1_Click" />
        <img border="0" src="images/返回.GIF" height="20" onclick=
            "javascript:window.history.go(-1)" alt="返回" style="width: 56px" />
</td>
</tr>
</table>
</div>
<asp:SqlDataSource ID="SqlDataSource1" runat="server" ConnectionString=
    "<%$ ConnectionStrings:bookshopConnectionString %>"SelectCommand="SELECT *
    FROM book  WHERE (book.bookID=@bookID)">
    <SelectParameters>
        <asp:QueryStringParameter Name="bookID" QueryStringField="bookID" />
    </SelectParameters>
</asp:SqlDataSource>
```

13.5.5　购物车页面

购物车页面 MyShopCart.aspx 如图 13-7 所示,通过此页面用户可以查看购买的图书的列表、购买的图书的数量,还能删除已经选购的图书、修改选购的图书的数量,也可以清空购物车,单击"去收银台"按钮可以转到结账页面。

图 13-7　购物车页面

文件 MyShopCart.aspx:

```
<%@ Page Title="" Language="C#" MasterPageFile="~/Default.master" AutoEvent
    Wireup="true" CodeFile="MyShopCart.aspx.cs" Inherits="MyShopCart" %>
<asp:Content ID="Content1" ContentPlaceHolderID="ContentPlaceHolder1"Runat=
    "Server">
<div style="text-align:center">
  <br />
  <img src="images/my_car.gif" />
  <br />
    <asp:GridView ID="GridView1" runat="server" HeaderStyle-BackColor="
        #FFD7D7" AutoGenerateColumns="False" DataKeyNames="bookID" OnRowDelet
        ing=" GridView1_RowDeleting" EmptyDataText="您的购物车为空!" >
      <Columns>
       <asp:HyperLinkField HeaderText="图书名称" DataNavigateUrlFields ="book
          ID" DataNavigateUrlFormatString="~/BookDetail.aspx?bookID={0}"DataText
          Field= "bookName" />
       <asp:BoundField DataField="author" HeaderText="作者" >
          <ItemStyle HorizontalAlign="Center" Width="20%" />
       </asp:BoundField>
       <asp:BoundField DataField="price" HeaderText="单价" >
          <ItemStyle HorizontalAlign="Center" Width="10%" />
       </asp:BoundField>
       <asp:TemplateField HeaderText="数量">
         <ItemTemplate>
           <asp:TextBox ID="txtquantity" runat="server" Width="50px" Text='<%#
              Eval("quantity") %>'></asp:TextBox>
           <asp:RegularExpressionValidator ID="RegularExpressionValidator1"
              runat="server" ControlToValidate="txtquantity" ErrorMessage="*"
              SetFocus OnError="true" ValidationExpression="[0-9]{1,}"></asp:
              Regular ExpressionValidator>
          </ItemTemplate>
            <ItemStyle HorizontalAlign="Center" Width="15%" />
        </asp:TemplateField>
        <asp:TemplateField HeaderText="小计">
          <ItemTemplate> <%# Convert.ToDecimal(Eval("quantity"))* Convert.To
             Decimal(Eval("price")) %> </ItemTemplate>
          <ItemStyle HorizontalAlign="Center" Width="10%" />
        </asp:TemplateField>
        <asp:CommandField ShowDeleteButton="True" DeleteText="移除">
           <ItemStyle HorizontalAlign="Center" Width="10%" />
        </asp:CommandField>
      </Columns>
      <HeaderStyle BackColor="#FFD7D7" />
    </asp:GridView>
    <br />
    <asp:Label ID="Label1" runat="server" Text="Label" ForeColor="Red"></asp:
      Label>
```

```
        <br /><br />
        <asp:Button ID="btnContinue" runat="server" Text="继续购物" OnClick="btn
            Continue_Click" />
        <asp:Button ID="btnClear" runat="server" Text="清空购物车" OnClick="btn
            Clear_Click"style="height: 26px" />
        <asp:Button ID="btnUpdate" runat="server" Text="更新购物车" OnClick="btn
            Update_Click" />
        <asp:Button ID="btnCheckout" runat="server" Text="去收银台" OnClick="btn
            Checkout_Click" />
         
        <br />
    </div>
</asp:Content>
```

文件 MyShopCart.aspx.cs：

```
using System;
using System.Collections.Generic;
using System.Web;
using System.Web.UI;
using System.Web.UI.WebControls;
public partial class MyShopCart : System.Web.UI.Page
{
    ShopCart cart=null;
    protected void Page_Load(object sender, EventArgs e)
    {
        if(Session["ShopCart"]==null)
        {
            cart=new ShopCart();   //如果Session["ShopCart"]不存在就创建购物车
        }
        else
        {
            cart = (ShopCart)Session["ShopCart"];   //如果Session["ShopCart"]
                存在从Session获取购物车
        }
        if(!Page.IsPostBack)      //如果是第一次加载页面
        {
            //如果是"添加购物车"时转到这页面,则把bookID对应的书加入到购物车
            if(Request.Params["bookID"]!= null)
            {
                cart.Add(Int32.Parse(Request.Params["bookID"]));
                Session["ShopCart"]=cart;
            }
            doBind();
        }
    }
    //绑定购物车
    void doBind()
```

```csharp
    {
        GridView1.DataSource=cart.ShowCart();
        GridView1.DataBind();
        Label1.Text = "商品总价:" + String.Format("{0:c}", cart.getTotalprice());
    }
    //更新购物车
    protected void btnUpdate_Click(object sender, EventArgs e)
    {
        doUpdate();
        doBind();
    }
    void doUpdate()
    {
        for(int i=0; i<GridView1.Rows.Count; i++)
        {
            //根据控件ID查找控件
            TextBox txtquantity=(TextBox)GridView1.Rows[i].FindControl
                ("txtquantity");
            int quantity = Int32.Parse(txtquantity.Text);
            int bookID = int.Parse(GridView1.DataKeys[i].Value.ToString());
            cart.Update(bookID, quantity);
        }
        Session["ShopCart"]=cart;
    }
    //去收银台
    protected void btnCheckout_Click(object sender, EventArgs e)
    {
        doUpdate();      //首先确保更新购物车
        if(cart.getTotalCount()!= 0)  //如果购物车不为空
        {

            if(Session["userName"] != null && Session["userName"] .ToString()!=
                "")  //如果已登录
            {
                Response.Redirect("PayOrder.aspx");
            }
            else
            {
                Common.showMessage(this.Page, "请先登录,然后下订单!");
            }
        }
        else
        {
            Common.showMessage(this.Page, "您没有购买书籍,不能下订单!");
        }
```

```csharp
}
//移除
protected void GridView1_RowDeleting(object sender, GridViewDelete
    EventArgs e)
{
    int bookID = int.Parse(GridView1.DataKeys[e.RowIndex].Value.ToString());
    cart.Remove(bookID);
    Session["ShopCart"]=cart;
    doBind();
}
//继续购物
protected void btnContinue_Click(object sender, EventArgs e)
{
    Response.Redirect("Default.aspx");
}
//清空购物车
protected void btnClear_Click(object sender, EventArgs e)
{
    cart.clear();
    Session["ShopCart"] = cart;
    doBind();
}
```

13.5.6 收银台页面

当用户挑选好商品之后，即可把购物车中的商品形成一张订单提交给系统。除了提交要购买的图书之外，还应该提交用户的电话和送货地点等信息。收银台 PayOrder.aspx 页面如图 13-8 所示。

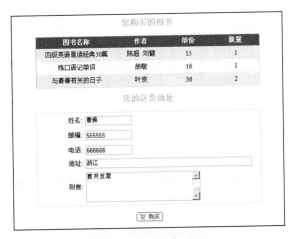

图 13-8 收银台页面

收银台页面的代码在用户控件 PayOrder.ascx 中实现。

文件 PayOrder.ascx:

```
<%@ Control Language="C#" AutoEventWireup="true" CodeFile="PayOrder.ascx.cs"
    Inherits="Controls_PayOrder" %>
<div align="center">
          <br /><h3  align=center>您购买的图书</h3> <br />
        <asp:GridView ID="GridView1" runat="server" HeaderStyle-BackColor="
            #FFD7D7" AutoGenerateColumns="False" DataKeyNames="bookID"
            BorderStyle="Inset" Width="500px">
            <Columns>
            <asp:BoundField DataField="bookName" HeaderText="图书名称">
                <ItemStyle HorizontalAlign="Center" Width="35%" />
            </asp:BoundField>
            <asp:BoundField DataField="author" HeaderText="作者">
                <ItemStyle HorizontalAlign="Center" Width="20%" />
            </asp:BoundField>
            <asp:BoundField DataField="price" HeaderText="单价">
                <ItemStyle HorizontalAlign="Center" Width="20%" />
            </asp:BoundField>
            <asp:BoundField DataField="quantity" HeaderText="数量">
                <ItemStyle HorizontalAlign="Center" Width="20%" />
            </asp:BoundField>
            </Columns>
            <HeaderStyle BackColor="#FFD7D7" />
        </asp:GridView>
     <br /><h3  align=center>您的送货地址</h3> <br />
    <table class="table2"  cellspacing="5px"  width="500px">
     <tr>
    <td align="right">姓名:</td>
    <td align="left">
        <asp:TextBox ID="truename" runat="server" Width="100px"></asp:TextBox>
        </td>
</tr>
<tr>
  <td align="right" style="height: 28px">邮编:</td>
  <td align="left" style="height: 28px">
     <asp:TextBox ID="postcode" runat="server" Width="100px"></asp:TextBox>
     </td>
</tr>
<tr>
  <td  align="right">电话:</td>
  <td  align="left">
     <asp:TextBox ID="tel" runat="server" Width="100px"></asp:TextBox></td>
</tr>
  <tr>
  <td width="20%" align="right">地址:</td>
  <td align="left">
     <asp:TextBox ID="address" runat="server" Width="366px"></asp:TextBox></td>
</tr>
```

```
    <tr>
      <td width="20%" align="right" style="height: 60px">附言:</td>
      <td align="left" style="height: 60px">
         <asp:TextBox ID="memo" runat="server" Width="250px" TextMode="
            MultiLine" Height="60px" Rows="4"></asp:TextBox></td>
  </tr>
</table>
    <br />
    <asp:ImageButton ID="ImageButton1" runat="server" ImageUrl="~/images/购
       买_2.gif" OnClick="ImageButton1_Click" />
    </div>
```

文件 PayOrder.ascx.cs：

```
using System;
using System.Collections.Generic;
using System.Web;
using System.Web.UI;
using System.Web.UI.WebControls;
using System.Data;
using System.Data.SqlClient;
public partial class Controls_PayOrder : System.Web.UI.UserControl
{
    protected void Page_Load(object sender, EventArgs e)
    {
        if(Session["userName"]== null || Session["userName"].ToString()==
           "")
        {
            Common.runScript("alert('您还未登录!');window.location='Default.
               aspx';");
        }
        else
        {
            ShopCart cart=(ShopCart)Session["ShopCart"];
            if((cart==null) || (cart.getTotalCount()==0))
            {
                Common.runScript("alert('您的购物车为空!');window.location='
                   Default.aspx';");
            }
            else
            {
                //显示订单明细
                GridView1.DataSource=cart.ShowCart();
                GridView1.DataBind();
                //填充送货地址信息
                string UserName=Session["userName"].ToString();
                string sql="select * from users where userName=@userName";
                SqlParameter[] para=new SqlParameter[]
                {
                    new SqlParameter("@userName",UserName)
```

```csharp
        };
        SqlDataReader reader=DBHelper.execReader(sql, para);
        if (reader.Read())
        {
            this.truename.Text=reader["truename"].ToString();
            this.address.Text=reader["address"].ToString();
            this.postcode.Text=reader["postcode"].ToString();
            this.tel.Text=reader["tel"].ToString();
        }
        reader.Close();
    }
}
//单击购买
protected void ImageButton1_Click(object sender, ImageClickEventArgs e)
{
    ShopCart cart=(ShopCart)Session["ShopCart"];
    string UserName=Session["userName"].ToString();
    int orderID=cart.payorder(UserName, this.truename.Text, this. postcode.
        Text, this.address.Text, this.tel.Text, this.memo.Text);
    cart.clear();
    Common.runScript("alert('购物成功,订单号为:"+orderID.ToString()+
        "');window.location='Default.aspx';");
}
```

13.6 会员中心

13.6.1 个人信息页面

个人信息页面 UserInfo.aspx 如图 13-9 所示,该页面用于查看个人信息。

文件 UserInfo.aspx.cs:

图 13-9 我的信息页面

```csharp
using System;
using System.Collections.Generic;
using System.Web;
using System.Web.UI;
using System.Web.UI.WebControls;
using System.Data;
using System.Data.SqlClient;
public partial class user_UserInfo:System.Web.UI.Page
{
    protected void Page_Load(object sender, EventArgs e)
    {
        if(Session["userName"]== null||Session["userName"].ToString() ==
            "")
```

```
        {
            Response.Redirect("~/Default.aspx");
        }
        else
        {
            string sql="select * from users where userName=@userName";
            SqlParameter[] para=new SqlParameter[]
            {
              new SqlParameter("@userName",Session["userName"].ToString())
             };

            SqlDataReader dr =DBHelper.execReader(sql, para);
            try
            {
               if(dr.Read())
               {
                  this.lblRealName.Text=dr["trueName"].ToString();
                  if(dr["sex"].ToString()=="1")
                      this.lblSex.Text="男";
                  else
                      this.lblSex.Text="女";
                  this.lblTel.Text=dr["tel"].ToString();
                  this.lblPostcode.Text=dr["postcode"].ToString();
                  this.lblEmail.Text=dr["email"].ToString();
                  this.lblAddress.Text=dr["address"].ToString();
               }
            }
            finally
            {
                dr.Close();
            }
       }
    }
}
```

13.6.2 我的订单页面

我的订单页面 MyOrder.aspx 如图 13-10 所示，该页面提供了订单查询功能，顾客可以查询自己的订单执行情况。单击"详情"超链接可以进入显示订单详情页面。

我的订单			
订单编号	订货日期	订单总价	
1	2009-8-24 9:07:45	56.00	详情
2	2009-8-24 9:09:10	63.00	详情

图 13-10 我的订单页面

文件 MyOrder.aspx：

```
<%@ Page Title="" Language="C#" MasterPageFile="~/user/User.master" Auto
    EventWireup="true" CodeFile="MyOrder.aspx.cs" Inherits="user_MyOrder" %>
<asp:Content ID="Content1" ContentPlaceHolderID="ContentPlaceHolder1" Runat=
    "Server">

    <br />
    <h3>
        我的订单</h3> <br />
     <asp:GridView ID="GridView1" runat="server" AutoGenerateColumns="False"
        DataKeyNames="orderID"
        EmptyDataText="当前没有您的订单！" Width="500px" CellPadding="4"
            ForeColor="#333333" GridLines="None" AllowPaging="True">
        <Columns>
        <asp:BoundField DataField="orderID" HeaderText="订单编号" Insert
            Visible="False" ReadOnly="True" SortExpression="orderID" >
          <ItemStyle HorizontalAlign="Center" Width="25%" />
        </asp:BoundField>
        <asp:BoundField DataField="orderDate" HeaderText="订货日期" Sort
            Expression="orderDate" >
          <ItemStyle HorizontalAlign="Center" Width="35%" />
        </asp:BoundField>
         <asp:BoundField DataField="Totalprice" HeaderText="订单总价"
             SortExpression="Totalprice" >
          <ItemStyle HorizontalAlign="Center" Width="30%" />
        </asp:BoundField>
            <asp:HyperLinkField DataNavigateUrlFields="orderID" Target="
                _blank" DataNavigateUrlFormatString="~/user/OrderDetail.aspx?
                orderID={0}"
                Text="详情" />
        </Columns>
      </asp:GridView>
</asp:Content>
```

文件 MyOrder.aspx.cs：

```
using System;
using System.Collections.Generic;
using System.Web;
using System.Web.UI;
using System.Web.UI.WebControls;

public partial class user_MyOrder : System.Web.UI.Page
{
    protected void Page_Load(object sender, EventArgs e)
    {
        if(Session["userName"]==null||Session["userName"].ToString()=="")
        {
            Response.Redirect("~/Default.aspx");
        }
```

```
        string sql="SELECT orderID, orderDate,Totalprice FROM orders WHERE
            userName='"+Session["userName"].ToString()+"'";
        GridView1.DataSource=DBHelper.execDataSet(sql);
        GridView1.DataBind();
    }
}
```

13.6.3 订单详情页面

订单详情页面根据传入的订单号从数据库中取出相应的订单的信息进行显示,如图 13-11 所示。

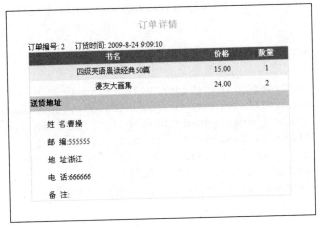

图 13-11 订单详情页面

文件 OrderDetail.aspx.cs:

```
using System;
using System.Collections.Generic;
using System.Web;
using System.Web.UI;
using System.Web.UI.WebControls;
using Systeata.SqlClient;
m.Data;
using System.D
public partial class user_OrderDetail:System.Web.UI.Page
{
    protected void Page_Load(object sender, EventArgs e)
    {
        if(Request["orderID"]== null)
        {
            Response.Redirect("~/Default.aspx");
        }
        int OrderID=Convert.ToInt32(Request.Params["orderID"].ToString());
        string sql= "select  bookName as  书名,orderDetail.price as 价格,quantity
            as 数量 from  orderDetail,book where orderDetail.bookid=book.bookid and
            orderId =@orderID";
        SqlParameter[] para=new SqlParameter[]
```

```
            {
                new SqlParameter("@orderID",OrderID)
            };
            DataSet ds=DBHelper.execDataSet(sql, para);
            GridView1.DataSource = ds;
            GridView1.DataBind();
            sql="select*from orders where orderID=@orderID";
            para=new SqlParameter[]
            {
                new SqlParameter("@orderID",OrderID)
            };
            SqlDataReader dr =DBHelper.execReader(sql, para);
            try
            {
                if(dr.Read())
                {
                    lblOrderID.Text=OrderID.ToString();
                    lblOrderDate.Text=dr["orderDate"].ToString();
                    lblUserName.Text=dr["trueName"].ToString();
                    lblEmail.Text=dr["postcode"].ToString();
                    lblAddress.Text=dr["address"].ToString();
                    lblTel.Text=dr["tel"].ToString();
                    lblMemo.Text=dr["memo"].ToString();
                }
            }
            finally
            {
                dr.Close();
            }
        }
    }
```

13.6.4 修改个人信息页面

修改个人信息页面 ChangeUserInfo.aspx，如图 13-12 所示。该页面提供了对个人信息进行编辑的功能。

文件 ChangeUserInfo.aspx.cs：

```
using System;
using System.Collections.Generic;
using System.Web;
using System.Web.UI;
using System.Web.UI.WebControls;
using System.Data;
using System.Data.SqlClient;
public partial class user_ChangeUserInfo : System.Web.UI.Page
{
    protected void Page_Load(object sender, EventArgs e)
```

图 13-12 修改个人信息页面

```csharp
{
    if(Session["userName"]!= null && Session["userName"].ToString() !=
       "")
    {
        if(!Page.IsPostBack)
        {
            ShowUserInfo();
        }
    }
    else
    {
        Response.Redirect("~/Default.aspx");
    }
}

//显示用户的当前信息
public void ShowUserInfo()
{
    //从数据库读取用户信息
    string sql="select * from Users where userName=@userName";
    SqlParameter[] para=new SqlParameter[]
    {
        new SqlParameter("@userName",Session["userName"].ToString())
    };

    SqlDataReader reader =DBHelper.execReader(sql, para);
    reader.Read();
    //把用户信息显示在页面上
    lbluserName.Text=reader["userName"].ToString();
    txttrueName.Text=reader["trueName"].ToString();
    lstsex.SelectedValue=reader["sex"].ToString();
    lstquestion.SelectedValue=reader["question"].ToString();
    txtanswer.Text=reader["answer"].ToString();
    txtemail.Text=reader["email"].ToString();
    reader.Close();
}
protected void btnSubmit_Click(object sender, EventArgs e)
{
    if(Page.IsValid)
    {
        string userName, trueName, sex, pwd, question, answer, email;
        //获取用户输入
        userName=Session["userName"].ToString();
        trueName=txttrueName.Text.Trim();
        sex=lstsex.SelectedItem.Value.Trim();
        question=lstquestion.SelectedItem.Text;
        answer=txtanswer.Text.Trim();
        email=txtemail.Text.Trim();
```

```
        //构建 UPDATE 语句
        string sql=@"UPDATE Users SET trueName=@trueName,sex=@sex," +
            "question=@question,answer=@answer,email=@email WHERE userName
            =@userName";
        SqlParameter[] para=new SqlParameter[]
        {
            new SqlParameter("@trueName",trueName ),
            new SqlParameter("@sex",sex   ),
            new SqlParameter("@question",question ),
            new SqlParameter("@answer", answer ),
            new SqlParameter("@email",  email),
            new SqlParameter("@userName", userName )
        };

        DBHelper.execSql(sql, para);
        Response.Redirect("UserInfo.aspx");
    }
 }
}
```

13.6.5 修改口令页面

修改口令页面 ChangePWD.aspx 如图 13-13 所示，该页面提供对口令进行修改的功能。

图 13-13　修改口令页面

文件 ChangePWD.asp.cs：

```
using System;
using System.Collections.Generic;
using System.Web;
using System.Web.UI;
using System.Web.UI.WebControls;
using System.Data;
using System.Data.SqlClient;
public partial class user_ChangePWD : System.Web.UI.Page
{
    protected void Page_Load(object sender, EventArgs e)
    {
        if(Session["userName"]== null || Session["userName"].ToString()==
        "")
        {
            Response.Redirect("~/Default.aspx");
        }
    }

    protected void Button1_Click(object sender, EventArgs e)
    {
        string userName=Session["userName"].ToString();
        String sql="select pwd from Users where userName=@userName";
```

```
        SqlParameter[] para=new SqlParameter[]
        {
           new SqlParameter("@userName",Session["userName"].ToString())
        };

        SqlDataReader dr =DBHelper.execReader(sql, para);
        dr.Read();
        string pwd=dr["pwd"].ToString().Trim();
        dr.Close();
        if(pwd!= txtOldPWD.Text.Trim())
        {
           Common.showMessage(this.Page, "原始密码错误!");
           return;
        }
        sql="update Users set  PWD=@PWD where userName=@userName";
        para=new SqlParameter[]
        {
           new SqlParameter("@PWD",txtNewPWD1.Text),
           new SqlParameter("@userName",userName)
        };
        DBHelper.execSql(sql, para);
        Common.runScript("alert('修改成功!');window.location='UserInfo.aspx';");
    }
}
```

13.7　后台管理系统

13.7.1　图书管理页面

图书管理页面 ManageBook.aspx 如图 13-14 所示，该页面提供浏览图书、查找图书和删除图书信息的功能，单击“编辑”超链接可转到 AddBook.aspx 页面进行编辑。

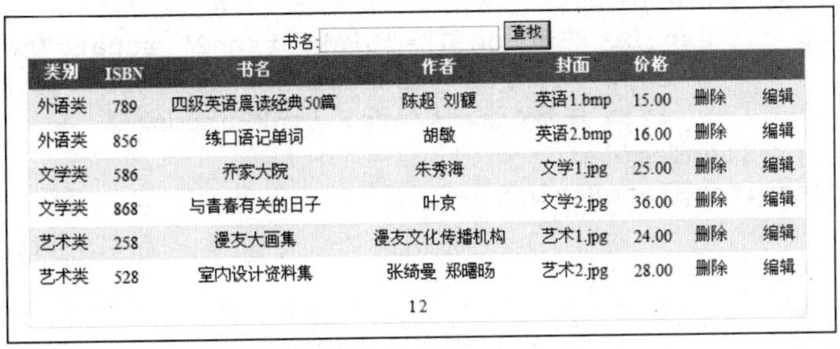

类别	ISBN	书名	作者	封面	价格		
外语类	789	四级英语晨读经典50篇	陈超 刘馥	英语1.bmp	15.00	删除	编辑
外语类	856	练口语记单词	胡敏	英语2.bmp	16.00	删除	编辑
文学类	586	乔家大院	朱秀海	文学1.jpg	25.00	删除	编辑
文学类	868	与青春有关的日子	叶京	文学2.jpg	36.00	删除	编辑
艺术类	258	漫友大画集	漫友文化传播机构	艺术1.jpg	24.00	删除	编辑
艺术类	528	室内设计资料集	张绮曼 郑曙旸	艺术2.jpg	28.00	删除	编辑

12

图 13-14　图书管理页面

文件 ManageBook.aspx：

```
<%@ Page Title="" Language="C#" MasterPageFile="~/manage/MasterPage.
   master" AutoEventWireup="true" CodeFile="ManageBook.aspx.cs" Inherits=
   "admin ManageBook" %>
```

```
<asp:Content ID="Content2" ContentPlaceHolderID="ContentPlaceHolder2" Runat="Server">
<br />
    书名:<asp:TextBox ID="TextBox1" runat="server"></asp:TextBox>
    <asp:Button ID="Button1" runat="server" Text="查找" OnClick="Button1
        _Click" /><br />
    <asp:GridView ID="GridView1" runat="server" AutoGenerateColumns="False"
        Width="80%" GridLines="None" PageSize="6" OnRowCommand="GridView1
        _RowCommand" OnPageIndexChanging="GridView1_PageIndexChanging">
       <Columns>
          <asp:BoundField DataField="bookID" HeaderText="编号" InsertVisible
             =" False" ReadOnly="True"
             SortExpression="bookID" Visible="False" />

          <asp:BoundField DataField="ISBN" HeaderText="ISBN" SortExpression="
             ISBN" />
          <asp:BoundField DataField="bookName" HeaderText="书名" Sort
             Expression=" bookName" />
          <asp:BoundField DataField="author" HeaderText="作者" SortExpression
             ="author" />
          <asp:BoundField DataField="bookImage" HeaderText="封面" SortExpression
             ="bookImage" />
          <asp:BoundField DataField="price" HeaderText="价格" SortExpres
             sion="price" />
          <asp:BoundField DataField="description" HeaderText="description"
             Sort Expression="description" Visible="False" />
          <asp:TemplateField ShowHeader="False">
             <ItemTemplate>
                <asp:LinkButton ID="LinkButton1" runat="server" Command
                   Name=" del" OnClientClick="return confirm('你确认要删除
                   吗?')" ommandArgument='<%# Eval("bookID") %>' Width="
                   7px">除</asp:LinkButton>
             </ItemTemplate>
          </asp:TemplateField>
          <asp:TemplateField>
             <ItemTemplate>
                <asp:LinkButton ID="LinkButton2" runat="server" Width="
                   10px">a href='AddBook.aspx?bookID=<%# Eval("bookID")
                   %>'> 编辑</a> </asp: LinkButton>
             </ItemTemplate>
          </asp:TemplateField>
       </Columns>
    </asp:GridView>
</asp:Content>
```

文件 ManageBook.aspx.cs:

```
using System;
using System.Collections.Generic;
using System.Web;
using System.Web.UI;
using System.Web.UI.WebControls;
using System.Data;
```

```
using System.Data.SqlClient;
public partial class admin_ManageBook : System.Web.UI.Page
{
    protected void Page_Load(object sender, EventArgs e)
    {
        if(!IsPostBack)
            bind();
    }
    protected void Button1_Click(object sender, EventArgs e)
    {
        bind();
    }
    void bind()
    {
        string sql=" SELECT*FROM book where  bookName LIKE'%"+TextBox1.Text
           +"%'";
        GridView1.DataSource=DBHelper.execDataSet(sql).Tables[0];
        GridView1.DataBind();
    }
    protected void GridView1_RowCommand(object sender, GridViewCommand
        EventArgs e)
    {
        if(e.CommandName=="del")
        {
            string sql="delete book where bookid=@bookid";
            SqlParameter[] para=new SqlParameter[]
        {
            new SqlParameter("bookid",e.CommandArgument.ToString())
        };
            DBHelper.execSql(sql, para);
            bind();
        }
    }
    protected void GridView1_PageIndexChanging(object sender, GridViewPage
        EventArgs e)
    {
        GridView1.PageIndex=e.NewPageIndex;
        bind();
    }
}
```

13.7.2 新增图书页面

在新书上架时，可以利用"新增图书"页面的 AddBook.aspx 增加图书信息，页面如图 13-15 所示。在"图书信息"模块中单击相应图书的"编辑"超链接也可进入本页面，这时可实现对图书信息的修改，运行效果如图 13-16 所示。

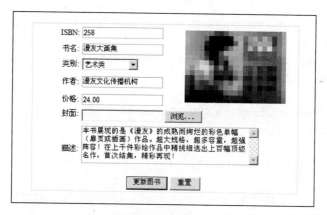

图 13-15　新增图书页面

图 13-16　图书编辑

文件 AddBook.aspx：

```
<%@ Page Title="" Language="C#" MasterPageFile="~/manage/MasterPage.master"
    AutoEventWireup="true" CodeFile="AddBook.aspx.cs" Inherits="admin
    _AddBook" %>


<asp:Content ID="Content1" ContentPlaceHolderID="ContentPlaceHolder2" Runat
    ="Server">
    <br />
    <h3 align="center">
     </h3>

<table class="table2" style="width: 600px" cellpadding="3" cellspacing="0" >
    <tr>
        <td align="right" style="height: 26px; width: 342px;">
            ISBN:</td>
        <td style="width: 340px; height: 26px" align="left">
            <asp:TextBox ID="txtIsbn" runat="server"></asp:TextBox>
            <asp:RequiredFieldValidator ID="RequiredFieldValidator1"
                runat="server" ControlToValidate="txtIsbn"
                ErrorMessage="ISBN 不能为空">*</asp:RequiredFieldValidator>
        </td>
```

```
            <td rowspan="5" align="left" style="width: 331px; height: 26px">
                 <asp:Image ID="Image1" runat="server" Height="131px"
                    Width=" 185px" Visible="False" /></td>
        </tr>
        <tr>
            <td align="right" style="width: 342px">
                书名:</td>
            <td align="left" style="width: 340px">
                <asp:TextBox ID="txtBookname" runat="server"></asp:TextBox>
                <asp:RequiredFieldValidator ID="RequiredFieldValidator2"
                    runat="server" ControlToValidate="txtBookname"
                    ErrorMessage="书名不能为空">*</asp:RequiredFieldValidator>
            </td>
        </tr>
        <tr>
            <td align="right" style="width: 342px">
                类别:</td>
            <td align="left" style="width: 340px">
                <asp:DropDownList ID="DropDownList1" runat="server" Width=
                    "107px" > </asp:DropDownList>
                <asp:RequiredFieldValidator ID="RequiredFieldValidator5"
                    runat="server" ErrorMessage="类别不能为空" ControlToValidate="
                    DropDownList1" InitialValue="--请选择--">*</asp:RequiredField
                    Validator> </td>
        </tr>
        <tr>
            <td align="right" style="height: 30px; width: 342px;">
                作者:</td>
            <td align="left" style="width: 340px; height: 30px;">
                <asp:TextBox ID="txtAuthor" runat="server"></asp:TextBox>
                <asp:RequiredFieldValidator ID="RequiredFieldValidator3"
                    runat="server" ControlToValidate="txtAuthor"
                    ErrorMessage="作者不能为空">*</asp:RequiredFieldValidator>
                </td>
        </tr>
        <tr>
            <td align="right" style="width: 342px">
                价格:</td>
            <td align="left" style="width: 340px">
                <asp:TextBox ID="txtPrice" runat="server"></asp:TextBox>
                <asp:CompareValidator ID="CompareValidator1" runat="server"
                    ControlToValidate="txtPrice"
                    ErrorMessage="价格必须是数字" Type="Double" Operator="
                    DataTypeCheck">*</asp:CompareValidator></td>
        </tr>
         <tr>
            <td align="right" style="height: 26px; width: 342px;" valign="
                top">封面:</td>
            <td colspan="2" align="left" valign="top" style="width: 331px;
                height: 26px;">
                <asp:FileUpload ID="FileUpload1" runat="server" /> 
```

```
                    <asp:Label ID="lblImage" runat="server" Text="Label" Visible
                        ="False"></asp:Label></td>
            </tr>
            <tr>
                <td align="right" style="width: 342px">
                    描述:</td>
                <td colspan="2" align="left" style="width: 331px">
                    <asp:TextBox ID="txtDesc" runat="server" TextMode="MultiLine"
                        Rows="4" Width="329px"></asp:TextBox> 
                    <asp:RequiredFieldValidator ID="RequiredFieldValidator4" runat=
                    "server" ControlToValidate="txtDesc"
                        ErrorMessage="请填写图书描述">*</asp:RequiredFieldValidator>
                        </td>
            </tr>
            <tr>
                <td align="center" colspan="3" style="height: 10px">
                    <asp:Button ID="Button1" runat="server" Text="增加图书" OnClick=
                        "Button1_Click" /> <input id="Reset1" style="width:
                        57px" type="reset" value="重置" />
        <asp:ValidationSummary ID="ValidationSummary1" runat="server" />
</td>
            </tr>
    </table>
</asp:Content>
```

文件 AddBook.aspx.cs:

```
using System;
using System.Collections.Generic;
using System.Web;
using System.Web.UI;
using System.Web.UI.WebControls;
using System.Data;
using System.Data.SqlClient;
public partial class admin_AddBook : System.Web.UI.Page
{
    public string bookID;
    protected void Page_Load(object sender, EventArgs e)
    {
        if(!IsPostBack)
        {
            DataSet ds=DBHelper.execDataSet("select*from category");
            DropDownList1.Items.Clear();
            DropDownList1.Items.Add("--请选择--");
            for(int i=0; i<ds.Tables[0].Rows.Count; i++)
                DropDownList1.Items.Add(new
                ListItem(ds.Tables[0].Rows[i]["categoryName"].ToString(),
                ds.Tables[0].Rows[i]["categoryID"].ToString()));
            if(Request["bookID"] != null && Request["bookID"].ToString()!=
                "")   //如果URL中有参数bookID,则说明是编辑
            {
```

```csharp
        bookID=Request["bookID"];
        string sql="select ISBN,bookName,bookImage,categoryID,
            author,price,description from book where bookID=@bookID";
        SqlParameter[] para=new SqlParameter[]
        {
            new SqlParameter("@bookID",bookID)
        };
        SqlDataReader dr=DBHelper.execReader(sql, para);
        try
        {
            //显示图书信息
            if(dr.Read())
            {
                txtIsbn.Text=dr["ISBN"].ToString();
                txtBookname.Text=dr["bookName"].ToString();
                lblImage.Text=dr["bookImage"].ToString();
                Image1.Visible=true;       //使封面图片可见
                Image1.ImageUrl= "~/images/cover/" + dr["bookImage"].
                ToString();
                DropDownList1.SelectedValue = dr["categoryID"].ToString();
                txtAuthor.Text=dr["author"].ToString();
                txtPrice.Text=dr["price"].ToString();
                txtDesc.Text=dr["description"].ToString();
            }
        }
        finally
        {
            dr.Close();
        }
        Button1.Text="更新图书";
    }
}

protected void Button1_Click(object sender, EventArgs e)
{
    if(Request["bookID"]!= null)
    {
        bookID=Request["bookID"];
    }
    string sql="";
    if(FileUpload1.HasFile)        //如果有上传文件
    {
        string fileName="~/images/cover/" + FileUpload1.FileName;
        FileUpload1.SaveAs(Server.MapPath(fileName));
        lblImage.Text=FileUpload1.FileName;
    }
    if(Button1.Text=="增加图书")
    {
```

```
        sql="insert into book (ISBN,bookName,bookImage,categoryID,
            author,price,description) values (@ISBN,@bookName,@bookImage,
            @categoryID, @author,@price,@description)";
    }
    if(Button1.Text=="更新图书")
    {
        sql = "update book set ISBN=@ISBN,bookName=@bookName, bookImage=
            @bookImage,categoryID=@categoryID,author=@author,price=@price,
            description=@description where bookID =" + bookID;
    }
    SqlParameter[] para=new SqlParameter[]
    {
        new SqlParameter("@ISBN", txtIsbn.Text.Trim()),
        new SqlParameter("@bookName", txtBookname.Text.Trim()),
        new SqlParameter("@bookImage",Button1.Text=="增加图书"? File
Upload1.FileName.Trim():lblImage.Text ),
        new SqlParameter("@categoryID", DropDownList1.SelectedValue),
        new SqlParameter("@author", txtAuthor.Text.Trim()),
        new SqlParameter("@price", txtPrice.Text.Trim()),
        new SqlParameter("@description", txtDesc.Text.Trim()),
    };
DBHelper.execSql(sql, para);
    txtIsbn.Text="";
    txtBookname.Text="";
    txtAuthor.Text="";
    txtPrice.Text="";
    txtDesc.Text="";
    if (Button1.Text=="更新图书")
    {
        Response.Redirect("ManageBook.aspx");
    }
    }
}
```

13.7.3 图书类别管理页面

图书类别管理页面 ManageCategory.aspx 如图 13-17 所示，该页面提供图书类别的浏览、增加和修改功能。

图 13-17 图书类别管理页面

文件 ManageCategory.aspx：

```
<%@ Page Title="" Language="C#" MasterPageFile="~/manage/MasterPage.
    master" AutoEventWireup="true" CodeFile="ManageCategory.aspx.cs"
    Inherits=" admin_ManageCategory" %>

<asp:Content ID="Content2" ContentPlaceHolderID="ContentPlaceHolder2" Runat=
    "Server">
<br />
<h3 align="center">图书类别管理</h3><br />
    图书类型名：<asp:TextBox ID="txtcategoryName" runat="server" Width="
        83px"></asp:TextBox>
    <asp:RequiredFieldValidator    ID="RequiredFieldValidator1"    runat=
        "server" ErrorMessage="图书类别不能为空" Control ToValidate= "txtcate
        goryName" Width="66px" Display=" Dynamic" ValidationGroup="book">
    </asp:Re quiredField Validator>
    <asp:Button ID="Button1" runat="server" OnClick="Button1_Click" Text="
        增加" Width="50px" ValidationGroup="book" /><br />
    <br />
    <asp:GridView ID="GridView1" runat="server" AutoGenerateColumns="False"
        DataKeyNames="categoryID"
        DataSourceID="SqlDataSource1" >
        <Columns>
            <asp:BoundField DataField="categoryID" HeaderText="类别编号"
                InsertVisible="False"
                ReadOnly="True" SortExpression="categoryID" >
            <ItemStyle HorizontalAlign="Center" Width="20%" />
            </asp:BoundField>
            <asp:TemplateField HeaderText="类别名称">
                <EditItemTemplate>
                    <asp:TextBox ID="TextBox1" runat="server" Text='<%#Bind
                        ("categoryName") %>' Width="100px"></asp:TextBox>
                </EditItemTemplate>
                <FooterTemplate>
                     
                </FooterTemplate>
                <ItemTemplate>
                <asp:Label ID="Label1" runat="server" Text='<%#Bind("categoryName")
                    %>'></asp:Label>
                </ItemTemplate>
                <ItemStyle HorizontalAlign="Center" Width="40%" />
            </asp:TemplateField>
            <asp:TemplateField ShowHeader="False" HeaderText="删除">
                <FooterTemplate>
                     
                </FooterTemplate>
                <ItemTemplate>
                <asp:LinkButton ID="LinkButton1" runat="server" CausesValidation
                    ="False" CommandName="Delete" Text="删除"></asp:LinkButton>
                </ItemTemplate>
                <ItemStyle HorizontalAlign="Center" Width="20%" />
```

```
            </asp:TemplateField>
            <asp:TemplateField ShowHeader="False" HeaderText="编辑">
                <EditItemTemplate>
                <asp:LinkButton ID="LinkButton3"runat="server"CausesValidation
                    ="True" CommandName="Update" Text="更新"></asp:LinkButton>
                <asp:LinkButton ID="LinkButton4"runat="server"CausesValidation=
                    "False" CommandName="Cancel" Text="取消"></asp:LinkButton>
                </EditItemTemplate>
                <ItemTemplate>
                <asp:LinkButton ID="LinkButton2"runat="server"CausesValidation=
                    "False" CommandName="Edit" Text="编辑"></asp:LinkButton>
                </ItemTemplate>
                <FooterTemplate>
                     
                </FooterTemplate>
                <ItemStyle HorizontalAlign="Center" Width="20%" />
            </asp:TemplateField>
        </Columns>
    </asp:GridView>
    <br />
    <asp:SqlDataSource ID="SqlDataSource1" runat="server" ConnectionString=
        "<%$ ConnectionStrings:bookshopConnectionString %>"
        SelectCommand="SELECT [categoryID], [categoryName] FROM [category]"
            InsertCommand="INSERT INTO category (categoryName) values
            (@category Name)" DeleteCommand="DELETE FROM category WHERE
            (categoryID = @ca tegoryID)" UpdateCommand="UPDATE category SET
            categoryName = @category Name WHERE (categoryID = @categoryID)">
        <DeleteParameters>
            <asp:Parameter Name="categoryID" />
        </DeleteParameters>
        <UpdateParameters>
            <asp:Parameter Name="categoryName" />
            <asp:Parameter Name="categoryID" />
        </UpdateParameters>
        <InsertParameters>
            <asp:Parameter Name="categoryName" />
        </InsertParameters>
    </asp:SqlDataSource>
</asp:Content>
```

文件 ManageCategory.aspx.cs：
```
using System;
using System.Collections.Generic;
using System.Web;
using System.Web.UI;
using System.Web.UI.WebControls;
using System.Data;
using System.Data.SqlClient;
public partial class admin_ManageCategory : System.Web.UI.Page
```

```
{
    protected void Button1_Click(object sender, EventArgs e)
    {
        SqlDataSource1.InsertParameters["categoryName"].DefaultValue =
            txtcategoryName.Text;
        SqlDataSource1.Insert();
        txtcategoryName.Text = "";
    }
}
```

13.7.4 会员管理页面

会员管理页面 ManageUsers.aspx 如图 13-18 所示，该页面可显示用户的基本信息，还提供删除用户功能。

图 13-18 会员管理页面

文件 ManageUsers.aspx：

```
<%@ Page Title="" Language="C#" MasterPageFile="~/manage/MasterPage.
    master" AutoEventWireup="true" CodeFile="ManageUsers.aspx.cs" Inherits=
    "admin_ManageUsers" %>

<asp:Content ID="Content2" ContentPlaceHolderID="ContentPlaceHolder2" Runat=
    "Server">
<br />
<h3 align="center">会员管理</h3><br />
    <asp:GridView ID="GridView1" runat="server" AutoGenerateColumns="False"
        DataKeyNames="userName"   CellPadding="4"
        DataSourceID="SqlDataSource1"  >
        <Columns>
            <asp:BoundField DataField="userName" HeaderText="会员名" ReadOnly="
                True" SortExpression="userName" />
            <asp:BoundField DataField="trueName" HeaderText="真实姓名" Sort
                Expression="trueName" />
            <asp:BoundField DataField="sex"HeaderText="性别"SortExpression=
                "sex" />
            <asp:BoundField DataField="tel"HeaderText="电话"SortExpression=
                "tel" />
            <asp:BoundField DataField="email"HeaderText="电子邮件"SortExpression=
                "email" />
            <asp:CommandField ShowDeleteButton="True" HeaderText="操作" />
        </Columns>
    </asp:GridView>
```

```xml
<asp:SqlDataSource ID="SqlDataSource1" runat="server" ConnectionString=
    "<%$ ConnectionStrings:bookshopConnectionString %>"
    SelectCommand="SELECT * FROM [users]" DeleteCommand="DELETE FROM
        [users] WHERE [userName] = @original_userName" OldValuesParameterFormatS
        tring= "original_{0}" >
    <DeleteParameters>
        <asp:Parameter Name="original_userName" Type="String" />
    </DeleteParameters>
</asp:SqlDataSource>
</asp:Content>
```

13.7.5 订单管理页面

订单管理页面 ManageOrder.aspx 如图 13-19 所示，该页面显示所有订单的列表，如果未付款或未发货，则会出现超链接，单击"付款"或"发货"超链接，即可改变相应状态。管理员还可以删除和查看订单。

订单号	客户	总价	已付款	已发货	下单时间			
1	dave	62.5000	已付款	已发货	2007-6-6 0:00:00	付款 发货	详情	删除
2	wjh	15.0000	未付款	未发货	2010-2-27 13:19:09	付款 发货	详情	删除
3	wjh	36.0000	未付款	未发货	2010-2-27 13:19:54	付款 发货	详情	删除
4	wjh	16.0000	未付款	未发货	2010-2-27 13:20:02	付款 发货	详情	删除
5	wjh	28.0000	未付款	未发货	2010-2-27 13:20:10	付款 发货	详情	删除

总计: 6条 共: 2页 每页: 5条 当前第1/2页　　首页 上一页 [1] [2] 下一页 尾页

图 13-19 订单管理页面

文件 ManageOrder.aspx:

```
<%@ Page Title="" Language="C#" MasterPageFile="~/manage/MasterPage.
    master" AutoEventWireup="true" CodeFile="ManageOrder.aspx.cs" Inherits=
    "admin_ManageOrder" %>
<%@ Register Assembly="AspNetPager" Namespace="Wuqi.Webdiyer" TagPrefix=
    "webdiyer" %>
<asp:Content ID="Content2" runat="Server" ContentPlaceHolderID="Content
    PlaceHolder2">
<div style="text-align: center">
 <br />
<h3 align="center">订单管理</h3><br />
<asp:GridView ID="GridView1" runat="server" Width="90%" AutoGenerate
    Columns= "False" DataKeyNames="orderID" OnDataBound="GridView1_DataBound"
    EmptyDataText="没有数据！" AllowPaging="True" PageSize="5" OnRowDeleting=
    "GridView1_RowDeleting" >
<Columns>
<asp:BoundField DataField="orderID"HeaderText="订单号"SortExpression= "orderID" >
<ItemStyle HorizontalAlign="Center" Width="10%" />
</asp:BoundField>
<asp:BoundField DataField="username"HeaderText="客户"SortExpression= "username" >
<ItemStyle HorizontalAlign="Center" Width="15%" />
</asp:BoundField>
```

```
<asp:BoundField DataField="totalPrice"HeaderText="总价"SortExpression=
    "totalPrice" >
<ItemStyle HorizontalAlign="Center" Width="10%" />
</asp:BoundField>
<asp:BoundField DataField="isPay" HeaderText="已付款" SortExpression= "isPay" >
<ItemStyle HorizontalAlign="Center" Width="10%" />
</asp:BoundField>
<asp:BoundField DataField="isDeliver"HeaderText="已发货"Sort Expression=
    "isDeliver" >
<ItemStyle HorizontalAlign="Center" Width="10%" />
</asp:BoundField>
<asp:BoundField DataField="orderDate" HeaderText="下单时间" Sort Expression
    ="orderDate" >
<ItemStyle HorizontalAlign="Center" Width="20%" />
</asp:BoundField>
<asp:TemplateField >
<ItemTemplate>
    <asp:LinkButton ID="LinkButton1"runat="server"OnClick="LinkButton1_
    Click">付款</asp:Link Button>
<asp:LinkButton ID="LinkButton2"runat="server"OnClick= "Link Button2_Click">
    发货</asp:LinkButton>
    </ItemTemplate>
    <ItemStyle HorizontalAlign="Center" Width="15%" />
    </asp:TemplateField>
<asp:HyperLinkField DataNavigateUrlFields="orderID" Target= "blank"
    DataNavigateUrlFormatString="~/user/OrderDetail.aspx?orderID={0}"Text="
    详情" />
<asp:CommandField ShowDeleteButton="True" />
</Columns>
<PagerSettings Visible="False" />

</asp:GridView>
<webdiyer:AspNetPager ID="AspNetPager1" runat="server"  NumericButtonText
    FormatString="[{0}]" OnPageChanged="AspNetPager1_PageChanged" Numeric
    ButtonCount="3" PagingButtonSpacing="10px" ShowBoxThreshold="2" Width=
    "80%"SubmitButtonText="转到" FirstPageText="首页" LastPageText="尾页"
    NextPageText="下一页" PageSize="5" PrevPageText="上一页" ShowCustom
    InfoSection="Left" ShowNavigationToolTip="True" Wrap="False"
    ShowInputBox= "Never" > </webdiyer:AspNetPager>
    </div>
</asp:Content>
```

文件 ManageOrder.aspx.cs：

```
using System;
using System.Collections.Generic;
using System.Web;
using System.Web.UI;
using System.Web.UI.WebControls;
using System.Data;
```

```csharp
using System.Data.SqlClient;
public partial class admin_ManageOrder : System.Web.UI.Page
{
    protected void Page_Load(object sender, EventArgs e)
    {
        if(!IsPostBack)
        {
            Bind();
        }
    }
    //构造数据源SQL语句,有3种情况:已处理订单、未处理订单、所有订单
    public string MakeSql()
    {
        string Params, sql;
        sql = "SELECT orderID, username, totalPrice, orderDate,CASE isPay WHEN
            '0' THEN '未付款' WHEN '1' THEN '已付款' END AS isPay,CASE isDeliver
            WHEN '0' THEN '未发货' WHEN '1' THEN '已发货' END AS isDeliver FROM
            orders";
        Params=Request["Params"].ToString();
        if(Params=="1")
        {
            this.GridView1.Columns[6].Visible=false;
            sql=sql + " where isPay ='1' and isDeliver ='1'";
        }
        else if(Params=="2")
        {
            sql=sql + " where isPay !='1' or isDeliver !='1'";
        }
        return sql;
    }
    //绑定数据
    public void Bind()
    {
        string sql=MakeSql();
        DataSet ds=DBHelper.execDataSet(sql);
        GridView1.DataSource=ds;
        AspNetPager1.RecordCount=ds.Tables[0].Rows.Count;
        AspNetPager1.PageSize=5;
        GridView1.DataBind();
        AspNetPager1.CustomInfoHTML="总计: "+AspNetPager1.RecordCount.
            ToString()+"条 共: "
            + AspNetPager1.PageCount.ToString() + "页 每页: " + AspNetPager1.
                PageSize.ToString()
            + "条 当前第<font color=\"red\">" + AspNetPager1.CurrentPage
                Index.ToString() + "</font>/"
            + AspNetPager1.PageCount.ToString() + "页";
    }

    //分页导航条的页码改变
    protected void AspNetPager1_PageChanged(object sender, EventArgs e)
    {
```

```csharp
        GridView1.PageIndex=AspNetPager1.CurrentPageIndex - 1;
        Bind();
}
protected void LinkButton1_Click(object sender, EventArgs e)
{
        GridViewRow row=(GridViewRow)((LinkButton)sender).Parent.Parent;
        string orderID=this.GridView1.Rows[row.RowIndex].Cells[0].Text.
            ToString();
        changeOrderState(orderID, "isPay");
        Bind();
}
protected void LinkButton2_Click(object sender, EventArgs e)
{
        GridViewRow row=(GridViewRow)((LinkButton)sender).Parent.Parent;
        string orderID=this.GridView1.Rows[row.RowIndex].Cells[0].Text.
            ToString();
        changeOrderState(orderID, "isDeliver");
        Bind();
}
//修改订单状态
private void changeOrderState(string orderID, string state)
{
        string sql="update orders set "+state+" = '1' where orderID =@orderID";
        SqlParameter[] para=new SqlParameter[]
        {
            new SqlParameter("@orderID",orderID)
        };

        DBHelper.execSql(sql, para);
        // ((LinkButton)sender).Enabled=false;
}
//设置已付款、已发货按钮的 Enabled 状态
protected void GridView1_DataBound(object sender, EventArgs e)
{
        for(int i = 0; i < this.GridView1.Rows.Count; i++)
        {
            if(this.GridView1.Rows[i].Cells[3].Text=="已付款")
            {
                LinkButton link1=(LinkButton)(GridView1.Rows[i].FindControl
                ("LinkButton1"));
                link1.Enabled=false;
            }
            if(this.GridView1.Rows[i].Cells[4].Text=="已发货")
            {
                LinkButton link2=(LinkButton)(GridView1.Rows[i].FindControl
                ("LinkButton2"));
                link2.Enabled=false;
            }
        }
}
//删除订单
```

```
protected void GridView1_RowDeleting(object sender, GridViewDeleteEvent
Args e)
{
    string sql= "delete orders where orderID=@orderID";
    SqlParameter[] para=new SqlParameter[]
    {
        new SqlParameter("@orderID",this.GridView1.Rows[e.RowIndex].
            Cells[0].Text.ToString())
    };
    DBHelper.execSql(sql, para);
    Bind();
}
```

习 题

1. 简述网上书店系统的购物流程。
2. 网上书店系统有哪些表?
3. 简述购物车系统的设计。
4. 如何用 ViewState 来存/取网页数据?
5. 公用类中如何用 JavaScript 弹出提示框?
6. 如何使 GridView 行在鼠标指针经过时变色?
7. 为网上书店增加留言功能。
8. 上机调试本章程序。

附录 A

本书案例数据库

```sql
--图书表
CREATE TABLE    book (
    bookID      int    not null  identity(1,1)  primary key,   --图书编号
    ISBN        varchar(50)  not null,
    bookName        varchar(50)  not null,                      --书名
    bookImage       varchar(50)  ,                              --封面图片（文件路径）
    categoryID    int  not null,                                --类别
    author   varchar(50)  not null,                             --作者
    price       decimal(18,2)  not null,                        --价格
    description        varchar(200)                             --描述
)
go
--图书类别表
CREATE TABLE category(
    categoryID  int    not null  identity(1,1)  primary key,    --类别编号
    categoryName  varchar(30)   not null                        --类别名
)
Go
--订单明细表
CREATE TABLE     orderDetail
(
    orderDetailID    int    identity(1,1) not null  primary key, --订单明细编号
    orderID      int  not null,                                  --订单号
    bookID       int  NOT null,                                  --书号
    quantity     int   not null,                                 --数量
    price    decimal(18,2)     not null                          --单价
)
Go
--订单表
CREATE TABLE      orders (
    orderID       int   identity(1,1)  not null  primary key,    --订单号
    username     varchar(15)    not null,                        --注册名
    truename     varchar(15)    not null,                        --真实名
    postcode     varchar(10)    not null,                        --邮编
    address      varchar(50)    not null,                        --地址
    tel    varchar(20)   not null,                               --电话
    memo    varchar(200)   null,                                 --附言
    totalPrice decimal(18,2)    not null,                        --总价
```

```
    isPay       char(1)     not null,          --'0' 未付款 '1' 已付款
    isDeliver   char(1)     not null,          --'0' 未付款 '1' 已发货
    orderDate   Datetime    not null           --下单日期
)
Go
--用户表
CREATE TABLE    users(
    userName    varchar(15)     not null    primary key,    --注册名
    PWD         varchar(20)     not null,                   --口令
    trueName    varchar(15),                                --真实名
    sex         varchar(2),
    address     varchar(50),                                --地址
    postcode    varchar(8),                                 --邮编
    tel         varchar(20),                                --电话
    email       varchar(50)     not null,
    question    varchar(50)     not null,
    answer      varchar(50)     not null
)
Go
--管理员表
CREATE TABLE    admin(
    userName    varchar(15)     not null    primary key,
    PWD         varchar(20)     not null
)
```

参考文献

[1] 荣耀，瞿静文. ASP.NET 2.0 实战起步[M]. 北京：机械工业出版社，2008.

[2] 陈冠军. 精通 ASP.NET 2.0 典型模块设计与实现[M]. 北京：人民邮电出版社，2007.

[3] 马军. 精通 ASP.NET 2.0 网络应用系统开发[M]. 北京：人民邮电出版社，2007.

[4] 陈冠军. 精通 ASP.NET 2.0 企业级项目开发[M]. 北京：人民邮电出版社，2007.

[5] 赵增敏. ASP.NET 2.0 实用案例教程[M]. 北京：电子工业出版社，2007.

[6] 翁健红. 基于 C#的 ASP.NET 程序设计[M]. 北京：机械工业出版社，2010.